食用菌及其生产技术创新应用

任 昂 谢 荣 邓春英◎ 著

吉林科学技术出版社

图书在版编目（CIP）数据

食用菌及其生产技术创新应用 / 任昂，谢荣，邓春英著. -- 长春 : 吉林科学技术出版社，2021.8
ISBN 978-7-5578-8478-9

Ⅰ. ①食… Ⅱ. ①任… ②谢… ③邓… Ⅲ. ①食用菌一蔬菜园艺 Ⅳ. ①S646

中国版本图书馆 CIP 数据核字(2021)第 157123 号

食用菌及其生产技术创新应用

著　任　昂　谢　荣　邓春英
出 版 人　宛　霞
责任编辑　李永百
幅面尺寸　185mm×260mm　1/16
字　　数　265 千字
印　　张　11.75
版　　次　2023 年 6 月第 1 版
印　　次　2023 年 6 月第 1 次印刷

出　　版　吉林科学技术出版社
发　　行　吉林科学技术出版社
地　　址　长春市净月区福祉大路 5788 号
邮　　编　130118
发行部电话/传真　0431-81629529　81629530　81629531
81629532　81629533　81629534
储运部电话　0431-86059116
编辑部电话　0431-81629518
印　　刷　北京四海锦诚印刷技术有限公司

书　　号　ISBN 978-7-5578-8478-9
定　　价　50.00 元

前　言

我国是食用菌生产大国和出口大国，食用菌产量占世界总产量的 70%。食用菌产业是中国农村经济中新兴的支柱产业，是 21 世纪农业增产、农民增收极具潜力的朝阳产业，是“白色农业”的重要组成部分，是我国菜篮子工程、特色农业、创汇农业，是城乡经济中脱贫致富的首选项目。食用菌生产充分利用农、林、牧业的副产品做原料来代替木材栽培食用菌。这些原料的利用大大提高了资源的利用率，提高了食用菌生产的综合效益。但加工这些原料费工费时、劳动强度大、时间长，且手工操作容易使培养料感染细菌，因此，迫切需要实现食用菌生产机械化，来扩大食用菌生产规模，增加出口量，达到食用菌生产的标准化，并逐渐与国际接轨。

多年来，我国广大食用菌科技人员和菇农，在大型真菌资源调查、野生菌驯化、遗传育种、生理生化实验、栽培技术、保鲜加工、病虫害防治等方面做了大量的工作，获得了许多新的成果，积累了丰富的经验，有力地促进了我国食用菌产业的快速发展。随着社会经济的发展、人类保健意识的不断提高，食用菌作为具有丰富营养和保健价值的美味食品，越来越受到人们的欢迎，这同时也对食用菌的栽培及驯化提出了更高的要求。为此，作者在参考大量权威文献的基础上，结合自身多年实践经验撰写了《食用菌及其生产技术创新应用》一书。

本书以食用菌及其代谢发育规律为切入点，重点探讨食用菌菌种类型及其制作、食用菌栽培设施与栽培技术、常见病虫害及其防治技术、机械化生产及其机械设备以及食用菌产品加工机械与保鲜加工技术应用创新等相关内容。本书图文并茂、重点突出、实用性强、知识新颖、简单易懂，在理论与实践相结合的基础上更注重实际操作性，期望能给广大读者提供参考。

由于撰写时间仓促，加之作者水平有限，本书还有一些不足之处，敬请广大读者提出宝贵意见，不吝赐教。

目　录

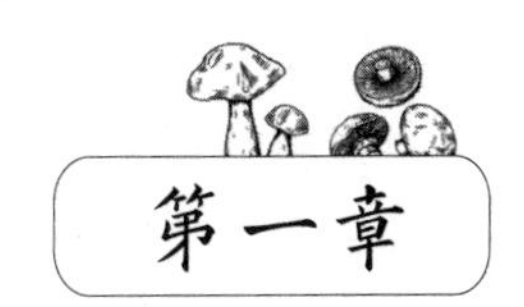

第一章

食用菌及其代谢发育规律

食用菌在自然界和生态系统的物质循环中起重要作用，它们能将植物凋落物中的复杂有机物分解转化为各种无机分子，以供再利用；同时不少种类的蕈菌能与许多树木的根系共生，形成菌根。菌根能分泌多种有机物和碱类物质，有利于土壤的吸收，增强了林木合成有机物质的能力。因此，对菌根真菌进行调查研究，有利于促进食用菌资源的开发利用研究，对树木的生物量累积具有十分重要的意义和研究价值。

第一节　食用菌及其资源分布

一、食用菌的定义

随着科学技术的发展，人们对生物的认识也在逐步深化，按近代新的分类观点，根据细胞核的状态（原核或真核）、体制（单细胞或多细胞）及营养方式（自养或异养），可把它们分为三类七界，即动物、植物、微生物（菌类）三大类，病毒、原核生物、原生生物、植物、真菌、黏菌、动物七界。

食用菌是指微生物（菌类）中具有肉质或胶质的子实体或菌核类组织并能供人们食用或药用的一类大型真菌，又常称为蘑菇或食用蕈菌。菌丝体是食用菌的营养结构，主要功能是分解基质，吸收、输送及储藏养分；子实体是繁殖结构，其主要作用是产生孢子，繁殖后代，是人们食用的主要部分。食用菌的子实体一般都比较大，直径和高度可达 2~40cm，比如平菇，一般菌柄长 2~10cm。菌盖直径 5~30cm；小羊肚菌高 2~4cm，直径 2cm 左右。常见的食用菌如香菇、竹荪、鸡腿菇、羊肚菌、金针菇、木耳等，其被食用的部分都是子实体，而茯苓和猪苓的被食用部分则是菌核。

食用菌在分类学上属于菌物界真菌门，大部分食用菌属于担子菌亚门（如金针菇、木耳等），少数属于子囊菌亚门（如羊肚菌、虫草）。按照生活方式的不同，食用菌可分为寄生（如虫草菌寄生于鳞翅目昆虫）、共生（如牛肝菌与松树、松口蘑与红松等高等植物形成菌根菌）和腐生（如草菇、双孢蘑菇等）三种类型。

大部分食用菌都是营养丰富、风味独特的食品，具有很高的经济价值。除可人工栽培的猴头菇、香菇、平菇、木耳、金针菇等几十个品种外，自然界中还有丰富的野生食用菌，如松乳菇、竹荪、青头菌等珍稀食用菌。这些名贵的食用菌，不仅味道鲜美，而且对疾病具有一定的预防或治疗功效。现代研究表明，大部分食用菌中都含有多糖类物质，具有一定的抗肿瘤、调节免疫力、抗氧化、降血脂和降血糖等药理作用。因此，随着人们对健康食品的日益重视，食用菌越来越被广大消费者青睐。但是，也有一些食用菌含有毒性物质，误食后可引起人和动物中毒，严重者可导致死亡。目前，毒菌的毒素及菌素在医学和分子生物学领域的研究和应用，特别是抗癌药物的探索中显示出越来越广阔的前景。

二、食用菌的资源分布

（一）青藏高原地区的食用菌

本区的喜马拉雅山以北地区，真菌资源贫乏，雨季来临后，偶有蘑菇属多种和毛头鬼伞等食用价值不大的真菌。但东喜马拉雅山南坡，沿雅鲁藏布江的森林带，食用菌资源丰富。有暗藏针叶林下的多种锈伞菌类，如蓝丝膜菌、光亮丝膜菌等，针阔叶混交林下的美味牛肝菌、红黄褶孔菌、翘鳞肉齿菌等产量丰富。另如生于树干的金耳、多种猴头菌、分枝猴头菌等珍品，除在本区相当丰富外，也产于西南地区的高山带。从东喜马拉雅山到横断山区，真菌的种类有较大的共性。在海拔 4000m 以上的高山带，凡分布有高山蓼和蝙蝠蛾及其同属的多种蛾类的地区，也是虫草的自然分布区。上述这些都是我国珍贵而特有的菌种。

（二）西北地区的食用菌

本区植被除部分地区有天山云杉外，以亚洲荒漠植物为主体。在林区附近出现的食用菌有多种羊肚菌，如圆锥羊肚菌、皱柄羊肚菌、小羊肚菌等。蘑菇属的麻脸蘑菇也是常见的食用菌。新疆著名的阿魏侧耳因生于伞形花科植物阿魏的根部而得名，是美味食用菌，多见于塔城、托里等地。另有生于刺芹根上的刺芹侧耳，可见于新疆和四川西部。

（三）内蒙古地区的食用菌

本区木本植物极为贫乏，沙冬青、蒙古扁桃是罕有的木本植物代表。本区大部分是典型草原和荒漠草原。夏季草原上的蘑菇圈是一大胜景，蘑菇属的许多品种，如大紫菇、美味蘑菇、白鳞菇、淡黄菇、白杵蘑菇等都能形成蘑菇圈。蘑菇附近的禾草一般色泽较深、植株粗壮，似可显示出真菌与种子植物根系之间的互惠现象。但也有不利的情况，如硬柄小皮伞在形成蘑菇圈时，其菌丝分泌出的物质有时对周围的植物根系不利，使禾本科植物生长不良。本区和华北地区所产的口蘑是传统的商品，利用新技术，对它进行合理改良和育种已成当务之急。本区和西北地区的腹菌类在贫瘠中表现出不贫瘠，常见者有铅色灰球菌、紫马勃等。

（四）华南热带地区食用菌

本区有热带雨林、季雨林和南亚热带季雨常绿阔叶林带，植被具有明显的热带特征。真菌出现附生型，常见马尾小皮伞成片着生。可食的种类逐渐被发现，如海南银耳、西沙小耳、网脉木耳。与白蚁巢相伴的华鸡枞属和鸡枞属的绝大多数品种均集中于本区。对竹荪属真菌进行人工培养，本区最有条件。本区也是草菇栽培最理想的地区，若将所栽草菇进一步改良筛选，必有更佳的菌种问世。

（五）西南地区的食用菌

本区包括横断山区，松林以云南松为代表。那里独特的环境孕育了独特的植被，如由高山林群组成的高山常绿阔叶林，故这一林带的真菌也相当丰富和独特。以牛肝菌类为例可见一斑：疣孢牛肝菌科全球共有 7 个属，本区拥有 4 个属；牛肝菌科全球有 20 个属，本区有 16 个属；种类之多，令人惊奇。本区盛产松口蘑（松茸菌）、紫蜡伞菌（紫罗盘）。干巴菌、多丛枝瑚菌（扫巴菌类，如密丛枝瑚菌、红柄丛枝瑚菌）、鸡枞菌属在本区和华南区都极为丰富。大量热带真菌的分布，以鸡枞菌为例，顺怒江河谷而上，可达贡山。

（六）华中、华东地区的食用菌

本区大致位于秦岭的余脉，如伏牛山、桐柏山、大别山与南岭山脉之间，大部分属长江中下游地区，南至南岭山地，东连闽浙丘陵。这里是暖温带和亚热带森林的过渡带，松树种类以马尾松为主。常绿阔叶树种较华北区有明显增加，常见有青冈栎和特有种紫楠以及竹黄。牛肝菌属、绒盖牛肝菌属的真菌较丰富，有寄生现象，如似栖星绒盖牛肝菌。一些由国外引入的品种，如双孢蘑菇则首先于上海的郊区栽培，以适应需求，然后逐步推向全国。中国民间的传统食品银耳近10年来在川、黔、鄂、闽及浙等地大面积栽培成功，并向全国推广，解决了长期供不应求的问题。本区江南地带的松栎林下，长有多种乳菇属的食用菌，如猪血蕈（血红乳菇）、松乳菇，均是味色俱佳的食品。南部的多汁乳菇量大而普遍，越向南方，产量越大。鸡枞菌属的食用菌也见于江苏的宝华山和浙南、粤、闽等地。可见本区南部的气候逐步趋于热带性质，食用菌种类很多。本区北部冬季有较长时间气温处于零下，食用菌种类较贫乏。

（七）华北地区的食用菌

本区森林主要是暖温带针阔叶林，代表树种是油松、赤松。林下生长的食用菌均属北温带种。夏秋可见多种乳菇属、红菇属、蘑菇属、侧耳属食用真菌，但无特有种。近几年在本区发现了一些地下菌类，如瘤孢地菇、刺孢地菇。外形酷似地下菌的承德高腹菌也是本区罕见的美味食用菌。这些菌类的发现，打破了我国地下菌类研究的长期僵局。本区的泰山、华山是我国茯苓的盛产地。这种多孔菌类与松属根系有密切关系，其菌核是传统的中药。

（八）东北地区的食用菌

本区有以落叶松、樟子松、红松为主体的明亮针叶林，具有外生菌根的食用菌以牛肝菌科的真菌较多。长白山乳菇被认为是本区特有种。此外，诸如生于树干、枯干或树桩上的榆树离褶伞、北方小香菇、灰白侧耳等均可食，外形较似侧耳类。

第二节 食用菌形态结构及其生活史

一、食用菌的形态结构

食用菌虽然种类繁多、结构各异、形态各异，但它们的基本结构都是由营养器官——菌丝体和繁殖器官——子实体两大部分组成的。食用菌的营养体由分枝的丝状物的结合体——菌丝体所组成。这种菌丝体在达到生理成熟状态而又遇到适宜的环境条件时，便可形成具有产生孢子结构的、特殊的、组织化的菌丝体——子实体。可供人们食用的各种食用菌，都不是其营养生长阶段的菌丝体，而是其生殖生长阶段形成的子实体的主要部分。

食用菌在分类上主要包括真菌中的两个门，一个是以产生子囊和子囊孢子为典型特征的子囊菌门，如羊肚菌、冬虫夏草等；另一个是以产生担子和担孢子为典型特征的担子菌门，如平菇、香菇等。大多数食用菌属于担子菌门，只有少数菌如羊肚菌等属于子囊菌门。

（一）菌丝与菌丝体的形态结构

1. 菌丝及菌丝体的正常形态结构

食用菌菌丝来自食用菌产生的孢子，食用菌的孢子是微小的繁殖单元，在适宜的条件下，当孢子吸水膨大后，首先长出芽管，芽管不断分枝、伸长形成丝状体，通常将其中的每一根细丝称为菌丝，菌丝前端不断地生长、分枝并交织形成的菌丝群，通称为菌丝体。

食用菌的菌丝一般是具隔膜的多细胞结构。菌丝被隔膜隔成了多个细胞，每个细胞可以是单核、双核或多核。隔膜是由细胞壁向内做环状生长而形成的。每个菌丝细胞的构造和植物细胞类似，包括细胞壁、细胞质膜、细胞核、线粒体、内质网、液泡等结构。子囊菌的隔膜较简单，中央仅有一个大孔，为单孔隔膜，孔径 0.1~0.2μm；而担子菌的隔膜结构较复杂，具桶状结构，称为桶孔隔膜，中央孔的两侧呈琵琶桶状，外面还覆有一层弧形的膜，称为桶孔覆垫，它是由内质网延伸而形成的。

按照发育的顺序，食用菌菌丝体可分为初生菌丝体、次生菌丝体和三次菌丝体。

（1）初生菌丝体指刚从孢子萌发形成的菌丝体，这种菌丝纤细，菌丝每个细胞中都含有一个细胞核，因此又叫单核菌丝体或一次菌丝体。一般来说，单核菌丝体不会直接形成正常的子实体，它没有正常结实能力，如香菇、平菇等。但双孢蘑菇除外，其担孢子萌发时就含有两个核。

（2）次生菌丝体指两条初生菌丝经过原生质融合（质配）发育而成的菌丝体。由于次生菌丝体中两个细胞核并不融合，所以次生菌丝体的每个细胞均含有两个细胞核，故又称为双核菌丝体。双核菌丝细胞的两个单核在遗传上如果是同核，称为同核双核菌丝体，也叫同核体；双核菌丝细胞的两个单核在遗传上如果是异核，则称为异核双核菌丝体，也叫异核体。在食用菌中，约有3/4的次生菌丝体为异核体，有1/4的次生菌丝体为同核体。因此，凡是具有锁状联合的菌丝就是双核菌丝，反之则不然，因为有些双核菌丝并不产生锁状联合，如蜜环菌、草菇等。子囊菌的某些块菌也可以发生锁状联合。

（3）已组织分化了的双核菌丝体称为三次菌丝体（又称结实性双核菌丝）。有些食用菌为了适应环境条件，菌丝常密集成索状或块状等，形成了菌核、菌索和子座。

在生产实践中所选用的菌种一般都是双核菌丝体。因为大部分食用菌的子实体都是由双核菌丝组成的，因此，只要切取菇体的一部分就能培养出纯菌种，这种方法就是菌种的组织分离法。此外，经过双核化的食用菌菌丝体能通过繁殖而不断蔓延扩展，若是环境条件适宜，这种菌丝体可无休止地繁殖下去，并可持续多年产生子实体。在自然环境中，菌丝体的生长繁殖往往是从一点出发，不断向四周辐射扩展，故由外围新生菌丝所形成的子实体常呈圈状生长，被人们称作“蘑菇圈”。它们多发生在草原或森林边缘地上。

2. 变态菌丝体

在环境不良或繁殖时，一些食用菌的菌丝体相互紧密地缠结在一起，形成如菌核、菌索、子座等变态状菌丝组织体。它们在繁殖、传播以及增强对环境适应性方面有很大的作用。

（1）菌核。有些食用菌在生长发育过程中的某个阶段或遇到不良的生长环境条件时，菌丝体会聚集和黏附在一起，成为一种紧密的假薄壁组织，形成有一定形状如块状或瘤状的休眠体，即为菌核。菌核的内部结构分为两层，分别为皮层和髓层。皮层多凸凹不平，菌丝扭结较紧密，为皮壳状，细胞较小，细胞壁较厚，大多为棕褐色至黑褐色；髓层常贮藏较多养分，细胞壁较薄，白色或粉红色。菌核质地坚硬、色深、大小不一。如北方草原上的口蘑菌核常分布在地表下14~30cm土中，俗称“口蘑蛋”，能耐-30℃严寒，是口蘑的越冬器官。著名的药用菌茯苓、猪苓、雷丸的药用部分均是菌核。药用茯苓聚糖和猪苓聚糖就来自其菌核。菌核对干燥、高温或低温的抵抗力很强，是真菌对不良环境的一种适应形式。当环境条件适宜时，菌核又可萌发出菌丝或者在菌核上直接产生子实体。故菌核也可作为菌种的分离材料。

（2）菌索。菌索是由菌丝体缠绕形成带状或绳索状组织体，这种变态组织称为菌索。外貌酷似高等植物的根，其颜色为白色、褐色或暗褐色，粗细长短不等，常有分枝，其顶端部位是其生长点，可以不断延长，一般长数厘米到数米不等。小蜜环菌属是著名的菌索产生菌，如蜜环菌、发光假蜜环菌等都可产生菌索，菌索表面色暗，由排列紧密的菌丝结合而成，常胶质化。菌索的作用和菌核相似，在不良环境中有较强的抵抗力，遇到适宜环境条件又可从生长点恢复生长。菌索是一种输导组织，一般生于树皮下或地下，具有吸收、输送养料的功能。如天麻就是靠蜜环菌的菌索提供养分而得以生存。蜜环菌和发光假蜜环菌的菌索在生长时会发出波长约为530nm的蓝绿色荧光。

（3）子座。子座是指由拟薄壁组织和疏丝组织聚集而成的容纳子囊果的褥座状结构，一般呈垫状、柱状、棍棒状或头状。子座是真菌从营养生长阶段到生殖生长阶段的过渡形式，子座成熟时在它的内部或上部发育出各种无性繁殖或有性繁殖的结构。子座在子囊菌中居多，如冬虫夏草的“草”事实上就是从菌核中长出有头部和柄部的子座，为棍棒状。子囊孢子外生于子座的顶端。蝉花、蛹虫草的子座也为棍棒状。另外，竹黄的子座为瘤状。

（二）子实体的形态结构

子实体是真菌产生孢子、繁衍后代的菌丝体特化结构，只在特定的生殖阶段才能产生，俗称菇、草、耳等，是人类食用或药用的主要部分，担子菌的子实体称为担子果，可以产生担孢子；子囊菌的子实体称为子囊果，是产生子囊孢子的部分。

1. 子实体的形态特征

子实体的形状各种各样，有伞形的，如香菇、草菇等；有漏斗形的，如鸡油菌；有舌形的，如牛舌菌；有耳形的，如黑木耳；有珊瑚形的，如珊瑚菌。其中以伞状菌为最多。

子实体的颜色较为丰富，有白色、黄色、灰色、红色、绿色、褐色、黑色等各种颜色。

子实体的大小不等，大的可达几十厘米，小的仅为几厘米。此外，从子实体的生长状态来说，子实体有单生、丛生、簇生和覆瓦状等区别。

2. 子实体的宏观结构特征

伞菌的子实体形态结构一般由菌盖、菌柄、菌环、菌托、鳞片等组成（图1–1）。菌盖又叫菇盖、菌伞、菌帽，是菌褶着生的地方，是主要的繁殖器官，也是人们食用的主要部分。菌柄是菌盖的支撑部分，除胶质菌和腹菌等少数种类外，多数食用菌都具有菌柄结构。菌柄形状、长短、质地因种类而异。菌柄的形状一般有圆柱形、棒形、纺锤形等，直立或弯曲，或分枝，或基部膨大。菌柄的质地通常为肉质，有的为纤维质、脆骨质或半革质、革质等。双孢蘑菇、口蘑、大肥菇等食用菌，其子实体常被一种菌幕包被，在菌盖展开后，菌幕便部分地残留在菌柄上。将内菌幕残留在菌柄上的环状物叫菌环，外菌幕遗留在菌柄基部的袋状或环状物称为菌托。菌环的大小、薄厚、质地、单层或双层、向性[1]（图 1–2）等都是分类特征。菌托的形状有苞叶状、鞘状、鳞茎状、杯状及颗粒状等。

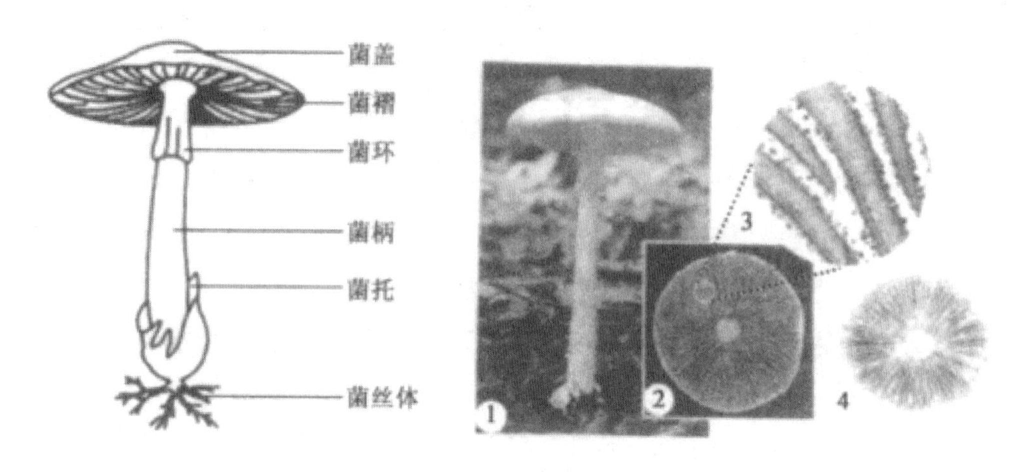

图 1-1 伞菌子实体及菌褶的形态特征（1. 伞菌子实体；2. 菌盖；3. 菌褶；4. 孢子印迹）

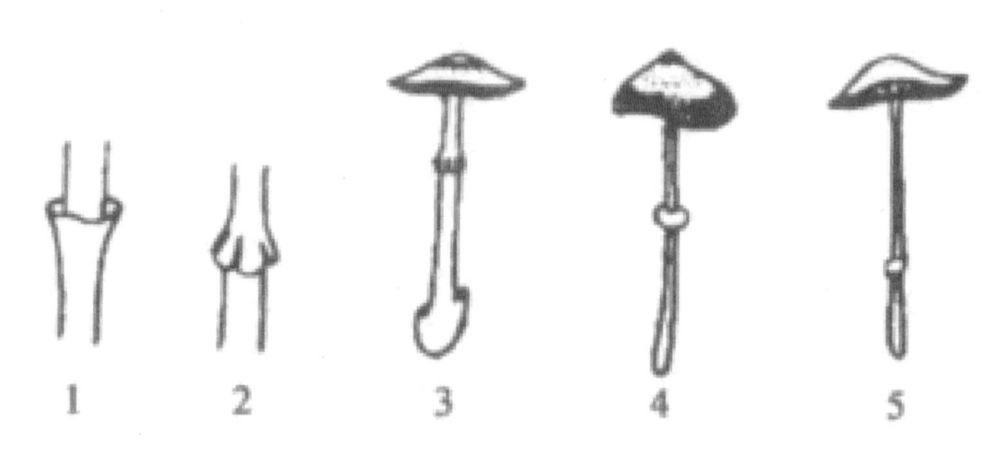

图 1-2 菌环向性和位置（1. 向上；2. 向下；3. 上位；4. 中位；5. 下位）

二、食用菌生活史

食用菌的生活史是指食用菌由孢子萌发后，经生长发育又形成孢子的循环过程。其完整的生活史包括无性生活史和有性生活史，但通常所说的生活史是指有性生活史，即

1 黄年来 . 中国食用菌百科 [M]. 北京：中国农业出版社，1993.

从有性孢子（担孢子或子囊孢子）萌发开始，经单、双核菌丝形成及双核菌丝的生长发育直到形成子实体，产生新一代有性孢子的整个生活周期。层菌纲食用菌的生活史是由以下几个阶段组成的。

（一）担孢子萌发成单核菌丝体

担孢子萌发即生活史开始。子实体成熟后散落的孢子在适宜的条件下，可直接萌发，长出芽管，芽管多次进行核分裂，核集中在芽管顶端，后沿细胞壁分布，随原生质流动而运动，继而产生横隔，将细胞核分开，形成有隔单核菌丝，即初生菌丝，简称单核菌丝。

单核菌丝在培养基表面蔓延生长，可形成网状菌丝体。有的食用菌的单核菌丝遇到不良环境条件，菌丝中的某些细胞可形成厚垣孢子，当条件适宜时又继续萌发形成单核菌丝。双孢蘑菇的担孢子含有两个核，菌丝从萌发开始就是双核的，无单核菌丝阶段。

（二）通过质配形成双核菌丝体

当单核菌丝发育到一定的阶段时，可亲和的单核菌丝之间进行质配，可使细胞双核化，形成双核菌丝。双核菌丝是担子菌类食用菌营养菌丝存在的主要形式。

食用菌的营养生长主要是双核菌丝的生长。固体培养时双核菌丝通过分枝不断蔓延伸展，逐渐长满基质；液体培养时形成菌丝球，将基质的营养物质转化为自身的养分，并在体内积累，为日后繁殖做好物质准备。

不同食用菌在两条单核菌丝质配成双核菌丝时，有下列两种不同类型。

1. 同宗配合

同宗配合是指质配发生在同一个孢子萌发的两条单核菌丝之间，又称自交亲和或自交可育。可分为如下几种：

（1）初级同宗配合。是指来自一个减数分裂的单核菌丝，不须经过异体菌丝的融合，就可发生双核化，这两个核无遗传上的差异，形成子实体。草菇即属于这一类型。

（2）次级同宗配合。每个担子上只有两个异核担孢子，萌发的菌丝体为双核菌丝体，不需要进行交配就可以完成其生活史。如双孢蘑菇就属于这一类型，其担孢子含有两个核，萌发后，自身发育就可形成子实体。

2. 异宗配合

绝大多数食用菌的担孢子或单核菌丝有“雌”“雄”之分（常用“+”“–”表示）。其性别是由遗传因子性基因决定的，只有异性的单核菌丝，才能质配成双核菌丝，从而完成其有性繁殖过程；而同性别的菌丝永不亲和，也不产生有性孢子，这种现象称异宗配合，也称自交不育。这种性别由一对或两对因子控制，即异宗配合有二极性和四极性两种类型。

（1）二极性。二极性食用菌的性别，由一对遗传因子（A–a）所控制，这类食用菌所产生的担孢子以及由担孢子萌发的初生菌丝，不是 A 型，就是 a 型，四个孢子分属两种类型，即两个是 A、两个是 a，两两相等，称为二极性。在二极性的食用菌中，单核菌丝的质配，只有组成 Aa 时，才能出现正常的锁状联合，形成双核菌丝体，最后发育成子实体。如果各担孢子萌发的单核菌丝，让其随机配对，可育率可达 50%。黑木耳、滑菇等属于二极性菌类。

（2）四极性。大部分食用菌的性别是由两对独立分离的遗传因子（A–a 和 B–b）所控制。四个担孢子的性基因，分别是 AB、Ab、aB、ab 四种类型，近似四种性别，称为四极性。属于四极性初生菌丝，只有 AaBb 的组合才是可育的。香菇、金针菇、平菇、银耳、裂褶菌等即属异宗配合、双因子控制、四极性菌类。

（三）三次菌丝体

双核菌丝体进一步发育，在适宜条件下，便产生有组织分化的子实体。这些已组织化的双核菌丝体称为三次菌丝体（或结实性双核菌丝体）。在子实体发育成熟时，子实层中的部分细胞在双核菌丝末端发育成棒状的担子。

（四）食用菌生活史

以减数分裂为开始的同核的单倍体阶段即单倍核期；以质配开始的异核双核阶段即异核期；以核配开始的、短暂的单核双倍体阶段即双核期。

食用菌（担子菌亚门）生活史的特点：单倍体期短，异核期极长，从营养菌丝生长到子实体形成，菌丝都处于异核的双核阶段；单核双倍期极短，仅出现在核配之后到减数分裂之前的短暂时期。

第三节　食用菌生长发育的营养与环境条件

一、食用菌生长发育的营养类型

食用菌在整个生长过程中需要通过菌丝细胞表面的渗透作用，从周围基质中摄取一定的营养物质，是异养型生物。根据自然状态下的营养方式，可以将其分为腐生、寄生和共生三种类型。

（一）腐生型食用菌

大部分食用菌属此类，这类食用菌能够分泌各种胞外酶和胞内酶，能够分解已经死亡的植物体以及无生活力的有机体，从中吸收养料。根据腐生型食用菌所适宜分解的植物和生活环境的差异，可分为木生型、土生型、粪草生型三个生态群。

（二）寄生型食用菌

寄生型食用菌是寄生在活的有机体上，完全从活着的寄主细胞中吸取养分而生长发育，如中华虫草。食用菌中整个生活史都是营寄生生活的非常少，多是在生活史的某个阶段营寄生生活，而其他时期则营腐生生活，为兼性寄生。它们既可以在枯枝、禾草上生长，又能寄生于活的植物体上。如冬虫夏草，这里的“虫”是指鳞翅目蝙蝠蛾科的幼虫体（寄主），“草”是指子囊菌类虫草属的种（虫草菌）。虫草侵染寄主（虫），从寄主体内吸收养分，并在寄主体内生长繁殖使寄主死亡，在适宜的条件下从虫体头部长出子座（草），形成虫草复合体。又如蜜环菌，初期可以在枯木上繁殖生长，后期又能侵入到天麻等植物的根内营寄生生活。多数层孔菌都是寄生性菌类，它们都是从基质中摄取碳源、氮源、无机盐和维生素等营养物质而完成其生长发育过程。

（三）共生型食用菌

这类食用菌不能独自在枯枝宿木上生长。它们需要与高等植物、昆虫、原生动物或其他菌类相互依存、互利共生。由于植物和这些食用菌在营养上彼此有益，因此称为共生菌。如菌根菌就是菌类共生的代表，大多数森林蘑菇都是这种菌根菌。菇类菌丝能包围在树木根毛的外围形成柔膜组织，称为外生菌根，一部分菌丝可延伸到森林落叶层50cm处，能帮助树木吸收土壤中的水分和养料，并能分泌激素刺激植物根系生长；树木则能为菌根菌提供光合作用所合成的碳水化合物。块菌科、红菇科、鹅膏菌科的许多种类都是菌根菌。在热带和亚热带有近百种蚂蚁能栽培蘑菇，这是昆虫与菌类共生的一种自然现象。我国的鸡枞菌就是与白蚁共生的食用菌。

二、食用菌生长发育的环境条件

（一）温度

食用菌生长受温度的影响。温度直接影响食用菌生长的快、慢或死亡。适宜的温度条件下，酶活性高，可以促进菌丝快速生长。

根据食用菌菌丝所需的最适温度，可把它们分为以下三大类：

（1）低温型。最适温度 24~28℃，最高温度 30℃，如金针菇、滑菇、松菇。

（2）中温型。最适温度 24~30℃，最高温度 32~34℃，如香菇、蘑菇、银耳、黑木耳。

（3）高温型。最适温度 28~34℃，最高温度 36℃，如草菇、茯苓、金顶侧耳等。

（二）水分和湿度

水分对食用菌的影响相对较大。水不仅是食用菌的重要成分，而且是新陈代谢、吸收养分必需的溶剂。由于水有较高的比热，能有效吸收代谢过程中所释放的热量，不会使菌丝体内温度骤然上升。同时，由于水是热的良导体，有利于散失热量，可以调节菌丝体内外的温度。水分可影响食用菌孢子的萌发和菌丝体的生长。一般来说，培养料含水量要控制在 60%~65%，菌丝生长阶段空气相对湿度要控制在 65%~70%，而子实体生长阶段空气相对湿度要控制在 80%~90%。

（三）空气

绝大部分食用菌都是好气性菌类。经常保持食用菌生长场所空气新鲜、氧气充足，是食用菌正常发育生长的重要条件。因为它不能进行光合作用，不能利用二氧化碳。食用菌的呼吸作用是吸收氧气和排出二氧化碳。

不同食用菌的菌丝体生长阶段需氧量及对二氧化碳的反应有所不同。它们对高浓度的二氧化碳一般都很敏感。例如，蘑菇、草菇只有在空气中二氧化碳含量不超过 0.1% 的条件下才能形成子实体，其菌丝在含 10% 的二氧化碳的条件下生长量只有正常条件下的 40%；而平菇对二氧化碳的耐受力则较强，其菌丝在二氧化碳含量高达 20%~30% 的条件下可以正常生长。除平菇外，其他食用菌在菌丝培养期间都需要有新鲜空气供给，否则会造成氧气不足，菌丝体的生活力下降，菌丝蔓延缓慢，菌丝体出现灰白色。营养生长转入生殖生长时期，对氧的需求量略低。低浓度 (0.034%~0.1%) 的二氧化碳能诱导子实体原基形成。原基形成后，培养场所需要有充足的新鲜空气。否则，子实体呼吸旺盛会消耗室内大量氧气，增加二氧化碳浓度，从而造成对子实体的毒害 (二氧化碳浓度＞ 0.1%)，菇体会出现畸形。

（四）光照

光线对菌丝生长会产生不良影响，因此在培养菌种时，应避免光照。培养室的光线不宜过强，如果光线较强，可将菌种用纸包扎或遮盖起来。光线还直接影响食用菌子实体的色泽，当光线不足时，草菇是灰白色的，黑木耳的色泽淡黄，各种菇的色泽都不理想。研究发现蓝光 (380~540nm) 和绿光 (470~650nm) 对菌丝都有一定的抑制作用；红光及红外光 (570~920nm) 对菌丝生长基本无影响。因此，冬天可用红外光取暖器升温及菌种室保温。

（五）酸碱度（pH 值）

pH 值是影响食用菌新陈代谢的重要因素。基质中酸碱度，直接影响食用菌的生长发育。大多数食用菌喜欢偏酸性环境。菌丝生长的适宜 pH 值为 3~8，最适 pH 值为 5.0~6.5，大部分食用菌在 pH 值大于 7 时生长受阻，pH 值大于 7.5 时，其菌丝难以生长。少数食用菌喜欢偏碱性环境，如草菇菌丝生长最适 pH 值为 7.0~8.0。在配置培养基时，pH 值要调高一些。在栽培的过程中，由于菌丝的代谢产物有机酸（碳酸和草酸）积累在培养料中，会使培养料逐渐泛酸。菇床上的杂菌和危害食用菌的许多真菌性病害的病原菌，最适合在弱酸性的环境下生长。因此，在整个栽培过程中，必须经常注意调节培养料的 pH 值，防止其下降得太厉害。常用来调节 pH 值的是 2%~3% 的碳酸钙乳浊液或 1%~2% 石膏粉，还可采用 1% 的石灰水清液进行喷射。此外，还可在配制培养基时添加 0.2% 的磷酸二氢钾等缓冲物质，使培养基不致因 pH 值下降过多而影响菌丝正常生长。

第四节　食用菌的代谢与生长发育规律

一、食用菌的代谢

代谢是一切生命体内发生的各种化学反应的总称，主要有分解代谢和合成代谢。食用菌的代谢主要有碳代谢、氮代谢和脂类代谢。

（一）碳代谢

能够为食用菌提供碳素的物质总称碳源。碳源主要是细胞构成的物质（约占吸收碳素总量的20%），为食用菌提供生长发育所需的能量（约占吸收碳素总量的80%）。食用菌能直接利用单糖、双糖、甘油、醇等小分子碳源，而纤维素、半纤维素、木质素、淀粉等大分子碳源不能直接被吸收利用，必须在胞外酶的作用下降解为小分子后方可利用，各种食用菌由于胞外降解酶种类和活性差异较大，对稻草、甘蔗渣、玉米芯、木屑、麦秸、棉籽壳等复合碳源的利用率也不同。

（二）氮代谢

能够为食用菌提供氮素的物质总称氮源。氮源为食用菌合成核酸、蛋白质和酶类提供原料。食用菌能利用的氮源分为有机氮源（酵母膏、蛋白胨等）和无机氮源（铵盐、硝酸盐等），但以无机氮为唯一氮源时，菌丝合成氨基酸的能力较弱，因缺乏细胞所必需的部分氨基酸而生长较慢。与碳源类似，小分子氮源（氨基酸、尿素等）可被食用菌直接利用，而豆饼、米糠、粪肥、稻糠、玉米粉、豆粕中的大分子氮源必须在胞外酶的作用下将其降解为小分子后方可利用。

（三）脂代谢

脂类是一类由脂肪酸和甘油构成的化合物，脂肪酸分为饱和的和不饱和的两类。脂肪酸的分解代谢是很复杂的，但是与多元醇的降解相似，在生物体内，常以脂肪形式贮存作为能源和各种中间产物。脂类是食用菌细胞膜、各种细胞器的膜和内质网所必需的。这些膜脂最突出的是磷脂，萤醇类也同时存在。脂类在细胞壁和孢子壁上的存在，使得这些组织具有防水功能。

二、食用菌的生长发育规律

食用菌的生长发育包括营养生长和生殖生长两个阶段，前者是指从孢子萌发或者菌种接到培养料上开始，直到菌丝在基质内生长蔓延至扭结为止。后者是指菌丝体在适宜的养分和环境下，逐渐达到生理成熟，从菌丝扭结开始，逐步由原基至形成子实体为止。

（一）单核菌丝形成过程

每个细胞中只含有一个细胞核的菌丝即为单核菌丝，又称一级菌丝或初生菌丝。一般情况下，它由孢子在适宜条件下（营养、水分、温度等）萌发形成，开始时其细胞多核、纤细，后产生隔膜，分成许多个单核细胞，具有菌丝细弱、核染色体单倍、生活力弱、历时短、不发达、不产生子实体等特点。但也有特殊情况，比如双孢蘑菇的担孢子萌发时就有两个核。

（二）双核菌丝形成过程

细胞内含有两个细胞核的菌丝即为双核菌丝，又称二级菌丝或次生菌丝。它是由两个单核菌丝发育到一定阶段，经过质配而形成，但核并不融合。其具有菌丝粗壮、核染色体双倍、生活力强、寿命长、分支繁茂、生长速度快、能产生子实体等特点。食用菌生产上使用的菌种都是双核菌丝，大部分双核菌丝具有锁状联合的特征。

锁状联合是双核菌丝细胞分裂的一种特殊形式，也是菌种鉴定的主要特征之一，其主要存在于大多数担子菌（平菇、木耳、香菇等）中，但双孢蘑菇、蜜环菌、草菇等担子菌菌丝并没有这种结构。

（三）三生菌丝形成过程

双核菌丝生长发育到生理成熟时，在营养不足、环境刺激、土壤微生物作用等情况下菌丝体相互紧密地缠结在一起，形成组织化的双核菌丝，称其为三生菌丝、三级菌丝、三次菌丝或结实性菌丝，这种组织体具有排列特殊、结构异型、适应性强等特点，如菌核、子座、菌丝束等以及子实体中的菌丝。

总之，食用菌的生长发育（即子实体的形成）由单核菌丝、双核菌丝及三生菌丝形成三个过程组成。

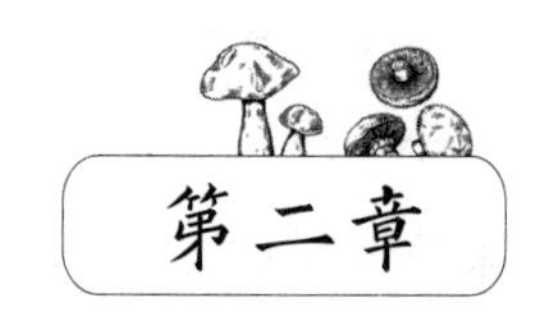

第二章

食用菌菌种类型及其制作

什么是菌种？通俗地讲就是用来生产食用菌的种子。食用菌的孢子就相当于植物的种子，在自然界中，食用菌就是靠孢子来繁殖后代的。孢子借助风力或某些小昆虫、小动物传播到各地，在适宜的条件下，萌发成菌丝体，进而产生子实体。虽然孢子是食用菌的种子，但在人工栽培时，人们至今都不用孢子直接播种。因为孢子微小，很难在生产中直接应用，而是用孢子或子实体组织、菌丝组织体萌发而成的纯菌丝体作为播种材料。人们通常所指的菌种，实际上就是指人工生产的食用菌菌丝体与培养料（基）所形成的联合体（基质）。一般是包装在一定的容器里的，如试管、玻璃瓶、塑料袋等容器。这是它与高等植物种子的不同之处。

第一节　食用菌菌种类型与生产流程

一、菌种的类型

根据菌种使用的目的可分为保藏用菌种、实验用菌种、生产用菌种三个类型。保藏用菌种是指用于中、长期保持菌种的生命活力和原有性状的菌种；实验用菌种是只供实验室进行科学实验、研究的菌种，实验用菌种不一定具有优良的性状，甚至是生产上完全不能使用的菌种；生产用菌种是指供食用菌大面积栽培使用的菌种，也称商业菌种，生产上使用的菌种一般要求遗传性状稳定，具有高产、优质的生产性能。

根据菌种的物理性状，可把菌种分为液体菌种、固体菌种、固化菌种三种。其中液体菌种的培养是靠摇瓶振荡培养和发酵罐深层培养来完成的。由于液体菌种生产一次性投资大，尤其发酵罐培养保存、运输较为困难，因此，尚未在食用菌生产上广泛应用，只在少数工厂化的菇场中应用；固体菌种是使用传统的固体原料如粪草、棉籽壳、玉米芯、木屑、废棉稻草、麦秸、米糠培育而成的菌种；固化菌种是将液体菌种接种于固体基质，既能保留液体菌种的优越性，又耐保藏。

按照食用菌培养对象和培养料的不同，可将菌种分为木质菌种 (wood inhabiting spawn) 和草质菌种 (straw-rot spawn) 两类。如香菇、木耳、银耳、猴头、灵芝、平菇、白灵菇、杏鲍菇、真姬菇、金针菇等木腐的菌类，一般其培养基可用木屑、枝条或棉籽壳等材料制成；而双孢菇、草菇、大肥菇、鸡腿菇、姬松茸等草腐的菌类，其培养基多用麦草、稻草、粪草制成。

按照食用菌培养基的不同，可将菌种分为粪草菌种、谷粒菌种、颗粒菌种、枝条菌种、木块菌种、木屑菌种、矿石菌种等。

二、菌种的生产流程

菌种生产是通过无菌操作大量培养繁殖菌丝体的过程。食用菌菌种是通过一级菌种、二级菌种、三级菌种的顺序来完成的。一级菌种一般是将采用孢子分离法或组织分离法得到的纯培养物，移接在试管斜面培养基上培养而成的纯种。一级菌种在斜面培养基上再次扩大繁殖，所得的菌种为再生一级菌种。二级菌种由一级菌种或再生一级菌种移接到装有木屑或粪，草等固体培养基的专用蘑菇瓶中，经过适温培养而成。三级菌种直接用于段木菌床或栽培袋上培养生产子实体。在生产上也有用液体菌种制作二级菌种和三级菌种的。

这三种类型的菌种制作程序包括：获得培养材料→培养基质的混合配制→分装于培养容器中→灭菌→接种→培养→检验→使用（图 2-1）。

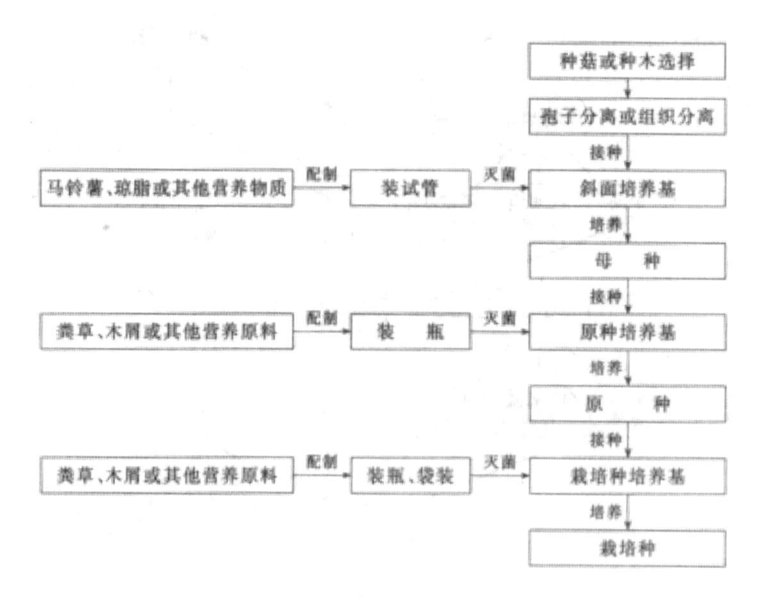

图 2-1 食用菌菌种生产流程

第二节　食用菌菌种生产设备设施

菌种生产所需设备是实现机械化、标准化的首要条件，也是提高生产效率的必要条件。下面介绍几种主要的制种设备。

一、配料设备

（一）一级种培养基配制室所需设备及仪器

一级种培养基配制室需要一个比较清洁、明亮、干燥的房间，室内要求有水源和电源。同时应有以下设备及仪器：

（1）天平，称量原料（马铃薯、琼脂）及化学试剂（硫酸镁、KH_2PO_4）等。有架盘式天平、顶载电子天平（称量 120g，感量 1mg）、电子天平（称量 200g，感量 0.1mg）。

（2）工作台、试剂柜及壁橱，用来放置一些配制培养基的原材料、试剂及小型工具。

（3）其他铁架台、量杯或量筒、漏斗、纱布、铝锅、乳胶管、蝴蝶夹、电炉或微波炉、小刀、菜板、玻璃棒、棉花、搪瓷盘等，另外还需要试管刷、线绳、剪刀、盆、塑料筐等。

（二）二级菌种、三级菌种培养料制备设备及仪器

二级菌种一般采用玻璃瓶或塑料袋分装，三级菌种基本上用塑料袋分装，将以棉籽

壳为主的培养料装入瓶或袋中。可人工装料，但生产效率低，劳动强度大，培养料松紧也不均匀。有条件的最好使用下列机械装料：

（1）切片机。切片机是将木材切成规格木片的专用机械，是食用菌培养基质粉碎处理的预前工序设备。代表型号有 ZQ–600 型（图 2–2）和 MQ–700 型，前者适用于枝丫切片，1h 可切木片 1500~2000kg，可切枝丫直径为 150mm；后者适用于木材切片，1h 可切木片 1500~2000kg，切木材的直径可达 200mm 以下。

（2）粉碎机。粉碎机是将木片、秸秆等原料粉碎成一定粗细度碎屑的专用机械。其配套动力为 13~15kW; 1h 可粉碎木屑 450kg; 筛孔直径为 2.4~2.8mm; 转速为 3500r/min（图 2–3）。

（3）搅拌机。搅拌机是将培养料通过搅拌使其分布均匀的专业机械。目前推广的型号为 MJ–70 型，其配套动力为 3kW；1h 搅拌料量为 800~1000kg（湿重）；三级 A 型，三角皮带传动。

（4）装瓶装袋两用机。装瓶装袋两用机是将培养料装入料瓶或料袋的机械。目前推广的型号为 ZDP–3 型，其配套动力为 0.75kW；1h 可装 300~400 瓶或 400~500 袋（图 2–4）。

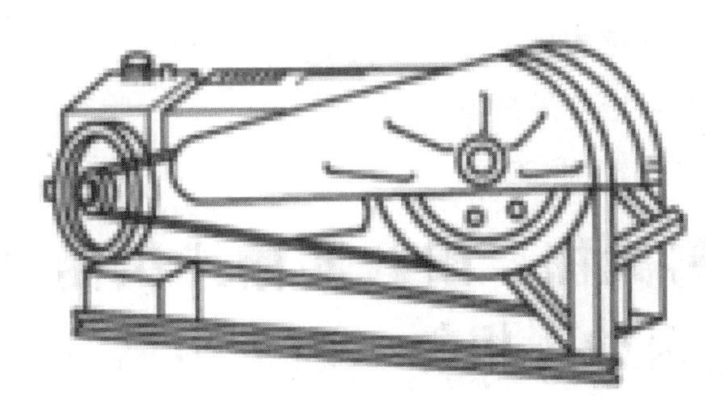

图 2-2 ZQ-600 型切片机

图 2-3 木片粉碎机

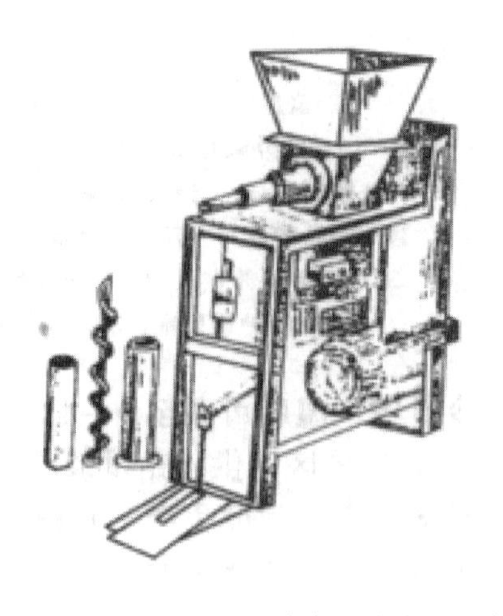

图 2-4 ZDP-3 型装瓶装袋两用机

二、灭菌设备

食用菌生产上对培养基常用的灭菌方法为湿热灭菌（moist heat sterilization），是通过蒸汽杀死微生物的方法。在同一温度下，湿热灭菌比干热灭菌（dry heat sterilization）效果好，因为湿热灭菌的穿透力比干热灭菌大，杀伤力强。蛋白质、原生质胶体在湿热条件下容易变性凝固，酶系统容易被破坏，而且蒸汽进入细胞凝结成水，放出潜在的热量而提高了环境温度，使杀菌力增强。

（一）高压蒸汽灭菌器

它是利用湿热灭菌的一种高效灭菌器，使用方便，应用普遍。主要构造和功能为：①罐体内放瓶（袋）等灭菌物；②压力表指示锅内压力及温度；③排气阀排除冷凝空气；④安全阀在超过规定的压力时自动放气降压。市售的有手提式（图 2–5）、立式（图 2–6）和卧式三种形式。其中立式分为普通型和自动型。手提式和立式的容量较小，一般用于一级菌种培养基的灭菌；卧式的容量大，用于二级菌种、三级菌种培养料的灭菌。热源可用电、煤气或直接通蒸汽。另外还有自制高压灭菌锅，锅身由 8~10mm 钢板制成，锅盖厚 1.0~1.5cm，凸起呈半圆形，锅上装有压力表、温度表和安全阀，锅的容量为可装 800~1000 瓶（袋）不等，热源可用煤、柴等。此外，家用压力锅也可用来做一级菌种培养基的灭菌。

高压灭菌时掌握的蒸汽压力和灭菌时间，以不同的培养基而定，琼脂培养基多采用 0.11MPa，121℃，20~30min；固体培养基多采用 0.11~0.14MPa，123~128℃，1~1.5h。袋装培养基因容量大，灭菌时间延长至 2h 以上。

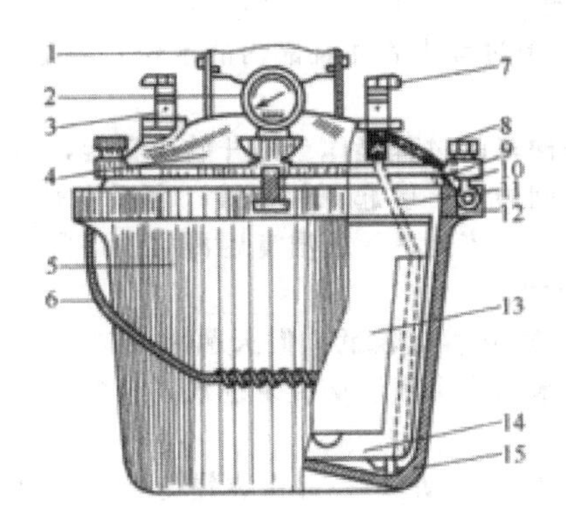

图 2-5 手提式高压灭菌器（剖面）（1. 提柄；2. 压力表；3. 安全阀；4. 器盖；5. 器身；6. 提环；7. 放气阀；8. 翼状螺帽；9. 橡胶垫圈；10. 螺丝；11. 金属软管；12. 圆柱；13. 置物筒；14. 筛架；15. 脚架）

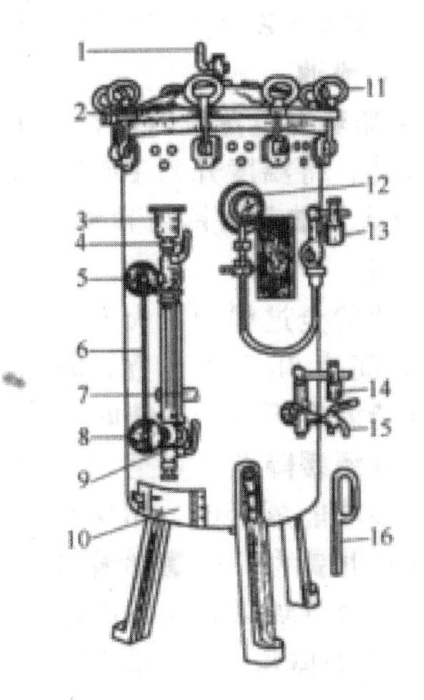

图 2-6 立式高压蒸汽灭菌器（1. 放气开关；2. 拉盖把手；3. 加水漏斗；4. 加水开关；5. 玻璃管上开关；6. 玻璃管；7. 治水标志；8. 玻璃管下开关；9. 玻璃管放水开关；10. 加热处；11. 压盖螺帽；12. 压力表；13，14. 安全阀重垂；15. 内锅放水开关；16. 大扳手）

（二）常压蒸汽灭菌灶

根据生产量自制容积适宜的常压蒸汽灭菌灶，它经济实惠、结构简单，可用于二级菌种、三级菌种培养料的灭菌。目前，我国多采用自制的蒸笼或利用钢板、砖、水泥等砌成大型流通蒸汽灭菌灶 (图 2–7 和图 2–8) 进行常压蒸汽灭菌。无论哪种形式，也不论采用哪种材料，常压蒸汽灭菌灶均要求有较高的密闭性，这样灭菌效果才能好，又可节省燃料。密闭性高的，温度可达 105℃，反之则达不到 100℃。

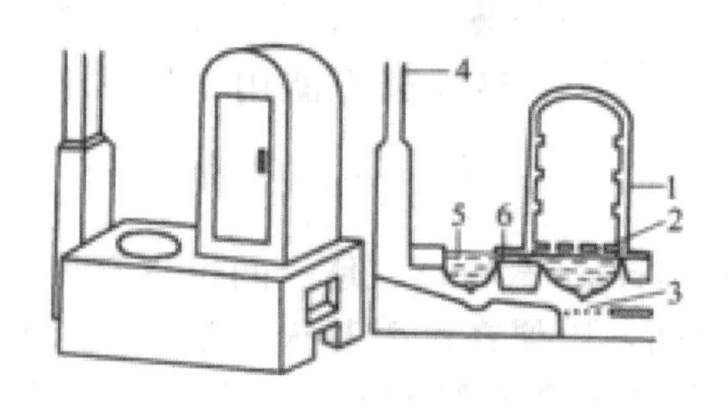

图 2-7 砖墙式灭菌灶（1. 墙框；2. 栅格；3. 炉栅；4. 烟囱；5. 小水锅；6. 水沟）

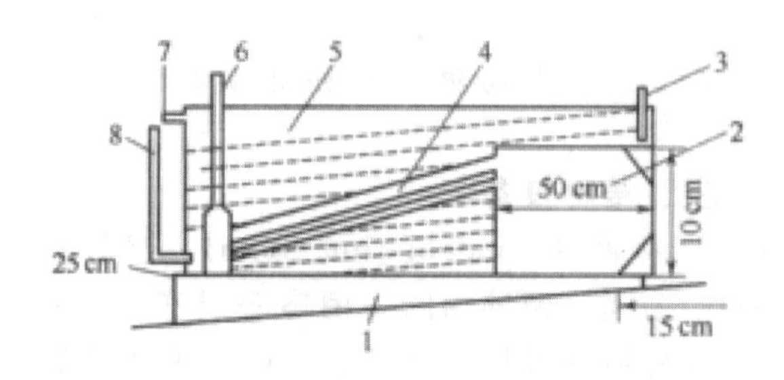

图 2-8 蒸汽通入式灭菌灶（1. 支架；2. 炉膛；3. 水位检验器；4. 热管；5. 盛水器；6. 烟囱；7. 排气孔；8. 注水管）

三、接种设备

（一）接种室

接种室又叫无菌室，是一间可以严密封闭的小房间。菌种场的无菌室要设在灭菌室与培养室之间，以便在培养基灭菌后移入接种室，接种后即可移入培养室，以避免在长距离的搬运过程中浪费时间和人力，并导致污染。实验室内附设的接种室，则应设在房内的一角，以免占用空间，并能保证无菌室内有良好的采光条件。接种室使用前用紫外线灯灭菌 15~30min，或用 5% 石炭酸、3% 煤酚皂溶液喷雾后再开灯灭菌。空气消毒 20~30min 后，送入待接种及有关用品，再开紫外线灯 15~30min，密闭 30min 后，操作人员更换工作服进入室内进行操作。

（二）超净工作台

超净工作台 (图 2–9) 是一种局部流程装置，能在局部形成高洁净度的环境。它利用局部过滤灭菌的原理，将空气经过装在超净工作台内的预过滤器及高效过滤器除尘、洁净后再以层流状态通过操作区，加上上部狭缝中喷送出的高速空气流所形成的空气幕，保护操作区不受外界空气的影响，以使操作区呈无菌状态。超净工作台要求安装在洁净的房间内，水泥或水磨石地面，室内安装紫外线杀菌灯。它的使用方法比较简单，只要接通电源，按下通风键钮，同时开启紫外线灯杀菌，约 30min 后即可操作。

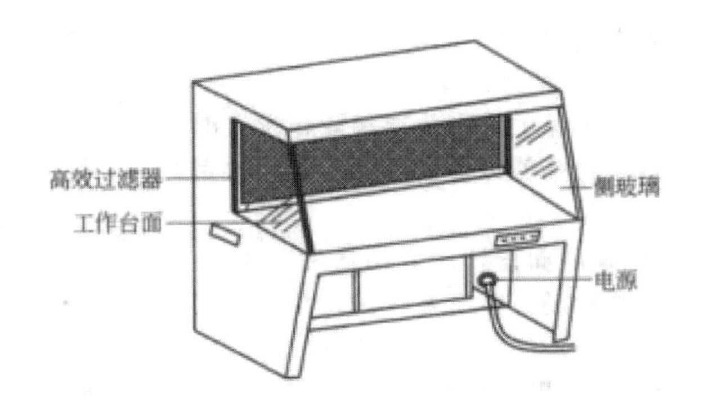

图 2-9 超净工作台

四、接种箱

接种箱是用木材和玻璃制成的小箱子，有单人用的，也有双人用的。接种箱的上层木框中安有玻璃，两侧的玻璃窗可以开启，便于操作。中间两边留有 15cm × 17cm 的洞口，洞口上装有布袖套，手伸入袖套内进行接种操作。接种箱要求密闭，以提高箱内无菌程度。箱的内外都用白漆涂刷，有条件的箱内顶部可安装紫外线杀菌灯和日光灯。接种箱由于具有结构简单、制造方便、成本低、体积小、消毒容易，而且气温高时操作不像接种室那么闷热、吸入有毒气体少等优点，深受欢迎（图 2–10）。

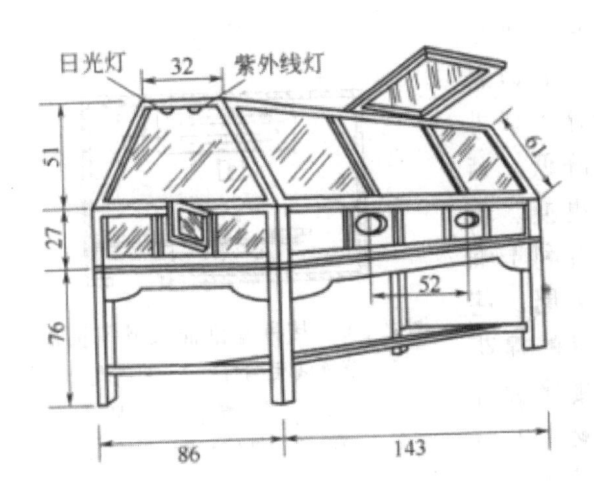

图 2-10 接种箱（单位：cm）

五、培养设备

（一）培养室

为提高培养室的利用率，室内可设置层架。菌种架的架数、层数、层距等的设计除考虑培养室的利用率外，还应顾及摆放瓶(袋)及检查的方便性。层架可以是竹木结构，也可以用角钢制作。架上铺木板或塑料板，以便摆放菌种瓶（袋），层架规格依房间大小而定。中间摆放的层架，宽度为1.0~1.2m；倚墙的层架，宽度为0.7~0.9m即可。层架的层数视菇房的高度而定，一般5~6层，层间距为0.4m，底层距地面20cm，顶层距屋顶60cm。为便于调温、调湿、换气，培养室应设地窗并安装空调。

（二）电热恒温培养箱

它是采用自然对流式的结构，冷空气从底部风孔进入，经过热气加热后，从两侧对流空间上升，并从内胆左右两侧小孔进入室内，再由箱顶的封顶盖调节，使内部达到恒温。

（三）生化培养箱

它是电热恒温培养箱的另一种形式，所不同的是装有制冷装置和照明设备，能调节低于室温的培养温度。

六、栽培设施

菇棚(房)是主要的栽培设施，普通使用的有砖墙结构改良式菇棚、半地下式土菇棚、竹木结构塑料棚、简易遮凉小拱棚等(图2-11)，这些设施成本比较低，在生产中发挥了主导作用。也存在一些问题，如：保温、保湿效果不好；杂菌污染严重，特别是粗糙的墙壁、地面及屋顶，病虫不易彻底清除，且由于长年潮湿、竹木架易腐烂，石灰和泥土墙易脱落，棚室的使用寿命短。针对传统菇棚存在的问题，现研制开发出塑料覆盖钢管骨架新型菇房。实践验证，该菇房保湿、保温、通风等效果好，其环境能满足各种食用菌的生长要求，效益显著[1]。

1 才晓玲．常见食用菌简介[M]．北京：中国农业大学出版社，2018．

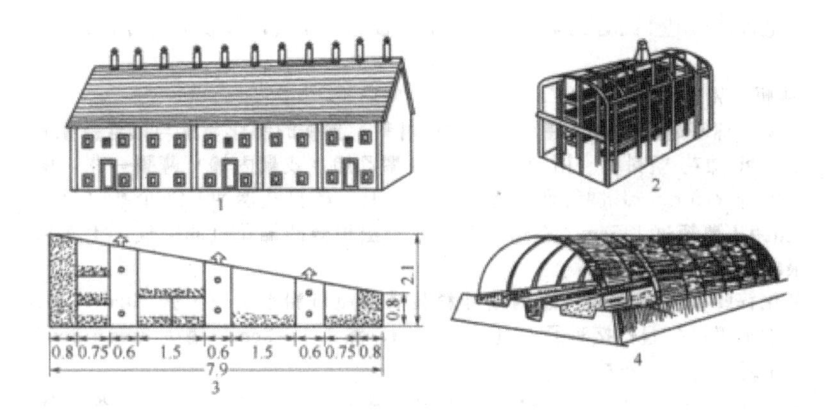

图 2-11 常见的几种菇房（单位：m）（1. 普通菇房；2. 塑料棚架式菇房；3. 冬暖式菇房；4. 塑料棚畦式菇房）

第三节 食用菌菌种制作及其鉴定保存

一、食用菌菌种的制作

（一）母种的制作

制作母种培养基常用的原料有马铃薯、葡萄糖、蛋白胨、琼脂、蔗糖、酵母粉、维生素 B1、硫酸镁、磷酸二氢钾、硫酸铵、可溶性淀粉等。

1. 母种培养基常用方法

（1）PDA 培养基

马铃薯 200g，葡萄糖（或蔗糖）20g，琼脂 15~20g，水 1L，pH 值自然或根据特殊菇类进行调节。适用于绝大多数食用菌的母种分离、培养、保藏等。

（2）YPD 培养基

蛋白胨 2g，酵母粉 2g，葡萄糖 20g，琼脂粉 15~20g，水 1L，pH 值自然或根据特殊菇类进行调节。适用于大多数食用菌的母种分离、培养。

（3）稻草浸汁培养基

干稻草 200g，蔗糖 20g，硫酸铵 3g，琼脂 15~20g，水 1L，pH 值自然或根据特殊菇类进行调节。适用于双孢蘑菇、草菇、银丝卓菇等草腐型食用菌的母种培养。

（4）木屑浸出汁培养基

阔叶树木屑 500g，米糠 100g，琼脂 15~20g，葡萄糖 20g，硫酸铵 1g，水 1L，pH 值

自然或根据特殊菇类进行调节。适用于木腐型食用菌的菌种分离及培养。

2. 母种培养基制作流程

以 PDA 培养基为例，马铃薯去皮，清洗，切成 $1cm^3$ 的小块，称取 200g，加入 1L 水煮沸约 20min 至用玻璃棒稍用力一戳即破的状态，过滤取其清液，加入葡萄糖（或蔗糖）20g、琼脂 15~20g，加热待完全溶解后加水定容至 1L，趁热分装于试管、三角瓶等容器，捆扎容器后 121℃下灭菌 20min，摆放斜面或倒平板，盖上干净的保暖物质或放入自制降温容器慢慢降温，以防试管或平板内产生小水珠。

3. 母种分离

母种分离是食用菌栽培的前提，根据不同类型的菇种选用不同的方法将其菌丝体分离。目前，母种常见的分离方法有组织分离法、基内菌丝分离法及孢子分离法。

（1）组织分离法

该法是以食用菌子实体、菌核、菌索等为分离对象获得菌丝体，是一种最常见最广泛的方法。因其属于无性繁殖，采用该方法获得的菌丝体保持了亲本所有遗传特性。

（2）基内菌丝分离法

从食用菌生长基质中将菌丝分离出来的一种无性繁殖方法即为基内菌丝分离法，根据基质的不同又可分为菇木菌丝分离、土壤菌丝分离、袋料菌丝分离等。因生长基质微生物群落的复杂性，该方法比组织分离法、孢子分离法污染率高，只针对菇体小而薄、有胶质或孢子不易获得的菇类。

（3）孢子分离法

利用子实体上产生的成熟有性孢子（担孢子或子囊孢子）在适宜的培养基上萌发而获得纯菌种的一种有性繁殖方法即为孢子分离法。因有性孢子具备亲本的基本遗传特性、生命力强且突变概率大而成为选育优良新品种或杂交育种的好材料，孢子分离法有多孢分离与单孢分离之分。性遗传模式为同宗结合的菌类可采用单孢子分离法（如双孢蘑菇、草菇），而异宗结合的菌类应采用多孢子分离法（平菇、大肥菇、香菇等），否则单亲菌丝因没有经过两性细胞的结合而不育。无论采用哪种方法都要经种菇选择、种菇消毒、采集孢子、接种、培养、挑选菌落、纯化菌种的过程，最终才能获得母种。

4. 母种纯化

初分离的菌种时常会带有细菌、酵母菌、霉菌等杂菌，必须进行纯化去除污染杂菌，主要措施如下：

（1）细菌

配制分离培养基时可加入 40mg/L 左右的青霉素、链霉素等抗细菌物质，琼脂用量增加至 2.3%~2.5% 来提高其硬度，且冷却后无冷凝水，同时利用某些大型真菌在较低的温度下其菌丝生长速度比细菌菌苔蔓延速度快的特点，接种后低温培养（15~20℃）。在菌种培养过程中，一旦发现黏稠状的细菌污染，应及时用尖细的接种针切割没被细菌污染的菌丝，将其转接到新的培养基上培养，连续 2~3 次可获得所要的纯菌丝。

（2）酵母菌

酵母菌预防措施与细菌相似，又因其喜欢偏酸（最适 pH 值为 4.5~6）条件及麦芽汁培养基，因此，在上述预防的基础上可将 pH 值提高，增加到 6.5~7，同时避免使用麦芽粉或麦芽糖作为配制培养基的材料。分离的菌种斜面上一旦发现酵母菌污染（菌落大而厚、光滑、黏稠、湿润呈油脂状，多为乳白色或红色、不透明、圆形，用接种针很容易挑起），应及时用尖细的接种针切割没被酵母菌污染的菌丝，将其转接到新的培养基上培养，重复 1~2 次可获得所要的纯菌丝；或者直接将酵母菌菌落除去。

（3）霉菌

霉菌喜欢偏酸的生长环境（最适 pH 值为 4~6），在自然界广泛分布，在温度为 28℃时生长速度极快。因此，为了防止霉菌污染，配制培养基时可将 pH 值提高到 6.5~7，接种环境与接种工具应做消毒处理，如果条件不允许，接种时要严格无菌操作过程，尽量在酒精灯火焰无菌区进行。霉菌的菌落大而疏松，干燥不透明，颜色多样，有霉味，呈绒毛状、絮状、网状等。菌种分离后培养时，勤观察早发现，能提高分离的成功率。一旦发现在非接种区域出现菌丝，则可能是以霉菌为主的杂菌菌落，立即用尖细的接种针切割没被污染的菌丝，将其转接到新的培养基上培养。若观察到有色孢子出现，其基内菌丝很可能已经和食用菌菌丝混生在一起，若后者菌丝蔓延太小很难分离成功，食用菌菌丝蔓延范围较大，可将含 1% 多菌灵的湿滤纸块覆盖在霉菌的菌落上，轻拿试管，用火焰灼烧过的接种铲将分离物表层铲除，用另一接种钩将分离物下面的基内菌丝取少量移入新的培养基中培养。

5. 母种提纯

通过上述分离方法一般都能获得纯菌丝，但也有不纯的现象，因此，必须对菌丝进行提纯。

（1）菌丝生长提纯

取分离母种菌落小块接入平板培养基中央培养，若母种是纯菌丝，伴随培养天数的增加，菌落会逐渐向四周呈辐射状散开且外缘整齐；若母种不纯，则因混有其他丝状真菌，菌丝生长速度不一，出现分泌色素分布不匀及外缘参差不齐现象，应及时将菌落中生长速度较为一致的部分挑取移入新的培养基上培养。

（2）菌丝尖端提纯脱病毒

在无菌条件下，利用显微操作器把菌丝尖端切下，直接移入新的培养基中央培养，通过该技术既保证了菌种的纯度，同时也可起到脱病毒的作用。

（3）择优提纯

随着转接代数的增多，母种的培养特性和栽培农艺性状会发生变异，因此，在栽培过程中应采用组织分离技术择优留种与妥善保藏，以防母种进一步发生性状变化。

（4）营养提纯

不同的生长发育阶段菌种所需要的营养存在差异，如果不及时调整营养会导致其逐渐衰退。因此，母种在扩繁及保藏过程中，适当地更换培养基成分或增加营养成分会提高菌丝的生活力，可防止其衰退。

（5）有性繁殖提纯

菌种无性繁殖次数过多，会出现生殖菌丝减少、气生菌丝增多、抗逆性减弱等菌种衰退现象。因此，适当地进行无性繁殖与有性繁殖的交替，及时保留有性繁殖所产生的优良菌种，可保持或提高后代的优良性状。

6. 母种培养

母种接种后，应保持接种块在斜面中央且紧贴培养基，将其放入消过毒的 25℃培养箱或置于 5~33℃干净室内黑暗培养，2~3d 后检查细菌与真菌污染及菌丝萌发情况，大多数食用菌 7~15d 母种菌丝可长满试管。

（二）原种的制作

制作原种培养基的常用原料有小麦、高粱、大麦、燕麦、粉碎的玉米粒（半粒米大小）、石膏粉、碳酸钙、石灰粉等。

1. 原种培养基制作流程

以木腐菌小麦粒木屑培养基为例介绍原种具体配制方法[1]（图 2–12）。

1　唐玉琴，李长田，赵义涛 . 食用菌生产技术 [M]. 北京：化学工业出版社，2008.

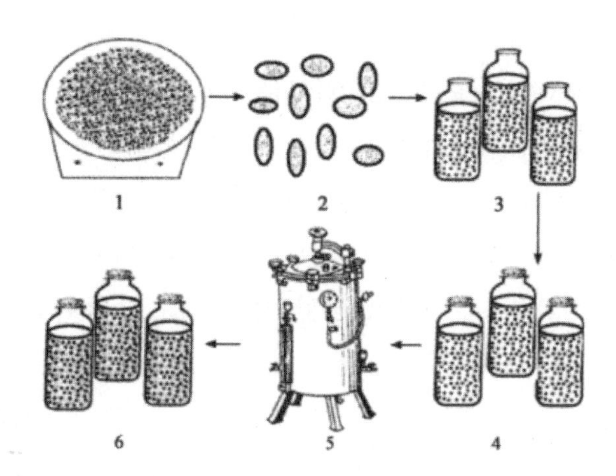

图 2-12 小麦粒原种培养基制作流程（1. 小麦粒预处理；2. 小麦粒清洗与沥水；3. 拌料及装瓶；4. 封口；5. 高压灭菌；6. 冷却）

（1）小麦粒预处理

风干且无病虫害的小麦粒按配方称量，自来水清洗 3 次，倒入开水浸泡 8~12h，再水煮 15~30min（不断搅拌，以防受热不均匀）至小麦粒白芯少于 10%，关闭热源后继续浸泡 10min。

（2）小麦粒清洗与沥水

将预处理过的小麦粒用自来水清洗 3 次，沥去多余的水，摊开，晾至手心有潮湿感或少量的水印即可，备用。

（3）拌料及装瓶（袋）

称取阔叶干木屑、石膏粉与小麦粒拌匀，含水量 60%~65%，pH 值自然，建堆，闷堆 10min，使水分分布均匀后装入原种瓶（袋）中。

（4）封口

清洗干净瓶口或袋口，在原种瓶上先覆盖一层中央留有直径为 1cm 左右圆孔的耐高温塑料膜，再加 4 层报纸后用棉绳捆扎；如果是原种袋，直接在袋口安装套环（套颈圈，把塑料膜翻下来，盖上带有过滤透的无棉塑料盖）或在袋口加入一簇棉花（起通气作用）后用棉绳捆扎，但不要太紧，最后用铅笔写上标签。

（5）高压灭菌

将封口的原种培养基装入高压灭菌锅或常压灭菌锅，原种瓶（袋）之间要留 1cm 左右的缝隙，以保证灭菌彻底，121℃灭菌 2h 或 100℃灭菌 8h 以上。

（6）冷却

灭菌完成后，将已灭过菌的原种培养基趁热移入消过毒的接种室，室温慢慢冷却。

2. 原种接种

原种接种时，无菌操作条件下，先针对母种试管表面消毒，然后用一只手拿起试管，管口向下稍稍倾斜，靠近酒精火焰区，不让空气中的杂菌侵入，另一只手拔棉塞或硅胶塞，并在酒精灯火焰上消毒接种针。待消毒完成后，在火焰区将接种针慢慢伸入试管内、冷却后，再切去试管内靠近管塞前端菌种少许，将剩余母种斜面菌苔横面切割成手指甲长的几段，每段连同培养基一起迅速移接到原种培养基上，快速塞好棉塞或硅胶塞[1]（图2–13、图2–14）。一般1支母种斜面试管（25mm × 150mm）转接2~4瓶原种。

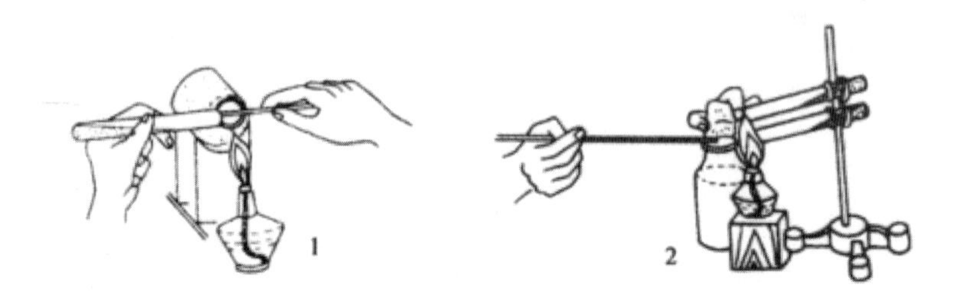

图2-13 原种接种流程（1. 手持母种；2. 用试管架固定母种）

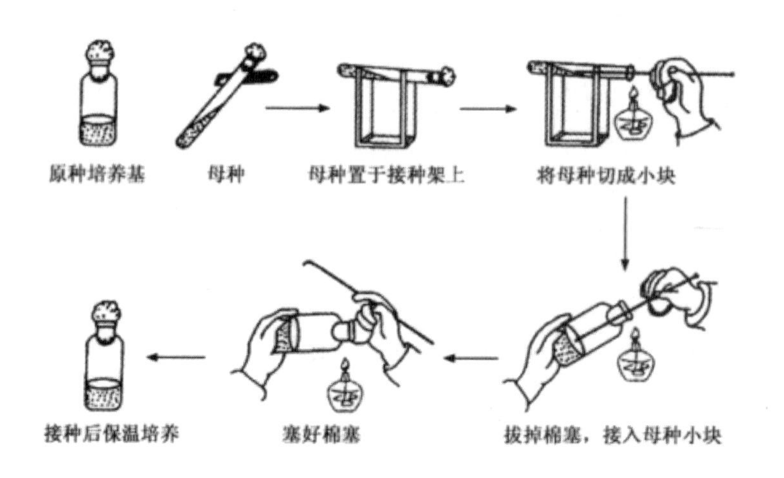

图2-14 母种扩接原种

3. 原种培养

将接种好的原种直立放置于消过毒的培养室内25℃左右黑暗培养，也可置于5~33℃干净室内黑暗培养，因原种比母种培养基存在菌丝分解难度大、灭菌效果不好把握、接菌面大等问题，最好根据菌种的生物学特性给予最佳培养温度，增强菌丝长势和覆盖面，

1 常明昌 . 食用菌栽培学 [M]. 北京：中国农业出版社，2003.

防止杂菌污染。同时，菌丝生长初期须及时检查新生菌丝萌发、长势、杂菌污染等情况。在菌丝定植之前应不动或减少原种的翻动次数，以免因移动延迟菌丝适应期或带入杂菌。适宜的温度下，原种菌丝在 3d 的适应期结束后恢复菌丝生长，待菌丝吃料并覆盖整个培养基表面后，可倒卧叠放或搔菌，将菌种翻动至培养基各个角落后既可保证水分分布均匀，也可缩短菌丝生长期、减少污染。一旦发现污染应立即清理，否则易造成大面积污染。当菌丝长满培养基的 1/3 时，应及时降低培养温度 2~3℃，以免因菌丝生长代谢增强，生物热产生过多使料温上升，引起菌丝高温障碍或烧菌。此时，培养室要加强通风换气，保持 60%~70% 的相对湿度。多数食用菌在适宜的条件下经 20~40d 培养可长满整个培养基，继续保持 7~10d 的培养，让菌丝继续生长以保证较多的菌丝量及培养料营养的充分转化，优质原种菌丝应长势浓白、吃料速度快、生命力强，并伴有一定的清香味。培养好的原种应存放在干燥、凉爽、通风、清洁、避光的环境下，原种应及时使用，以免菌种发生老化或污染。

（三）栽培种的制作

制作栽培种培养基的常用原料有甘蔗渣、玉米芯、玉米秆、米糠、牛粪、高粱粉、发酵料、草坪草、棉籽壳、木屑、麸皮、豆饼、啤酒糟等。

1. 栽培种培养基拌料原则

在栽培种拌料过程中，应把握“由细到粗、由少到多、由干到湿”的原则，即一般情况下，根据料的粗细程度，依次将细料拌入粗料，量少的依次拌入量多的培养料，干料与干料先混合，再加水，但也有特殊情况，比如玉米芯、棉籽壳、大块干牛粪等吸水慢或容易加水过多的培养料应提前预湿。

2. 栽培种培养基制作流程

栽培种培养基常用配方为：玉米芯 76%、米糠 20%、高粱粉 2%、白砂糖 1%、石膏粉 1%。其具体配制方法如下（图 2-15）。

（1）备料及预处理

按配方分别称取玉米芯、米糠、高粱粉、白砂糖、石膏粉，其中玉米芯事先拌入 65% 水预湿 2h，白砂糖溶解于自来水，制成溶液。

（2）拌料

采取上述拌料原则，依次将石膏粉、高粱粉、米糠、玉米芯混合，加入白砂糖溶液，再补水至含水量达到 60%~65%（手抓紧湿料，指缝有水滴但悬而不漏），pH 值自然，闷堆 10~20min，备用。

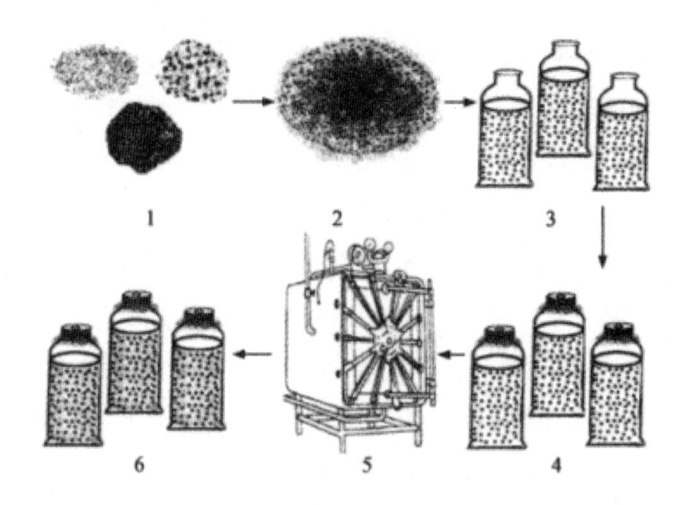

图 2-15 栽培种培养基制作流程（1. 备料及预处理 2. 拌料 3. 袋装 4. 封口或封盖 5. 高压或常压灭菌 6. 冷却）

（3）装袋

选择食用菌专用栽培袋。

（4）封口或封盖

清洗干净塑料袋口，在栽培袋上套颈圈，把塑料膜翻下来，包上包头纸，如果条件不好，可在袋口加入一簇棉花后用棉绳轻轻捆扎。

（5）高压或常压灭菌

将封口或封盖的栽培种培养基装入高压灭菌锅或常压灭菌锅，栽培袋之间要留 1cm 左右的缝隙，以保证灭菌彻底，121℃灭菌 2h 或 100℃灭菌 8h 以上。

（6）冷却

灭菌完成后，将灭过菌的栽培种培养基趁热移入消过毒的接种室，室温慢慢冷却。

3. 栽培种接种

栽培种的接种类似于原种接菌：首先，对栽培袋、原种瓶外壁表面消毒；其次，在无菌环境下，将接种勺在酒精灯火焰上灼烧后慢慢移入原种瓶内，冷却；最后，去掉上层老化菌丝以及栽培袋或栽培瓶内的接种棒，再用勺子将麦粒种混匀或直接迅速接 1~3 勺菌种于栽培袋或栽培瓶即可 [1]（图 2–16）。

1 杜敏华 . 食用菌栽培学 [M]. 北京：化学工业出版社，2007.

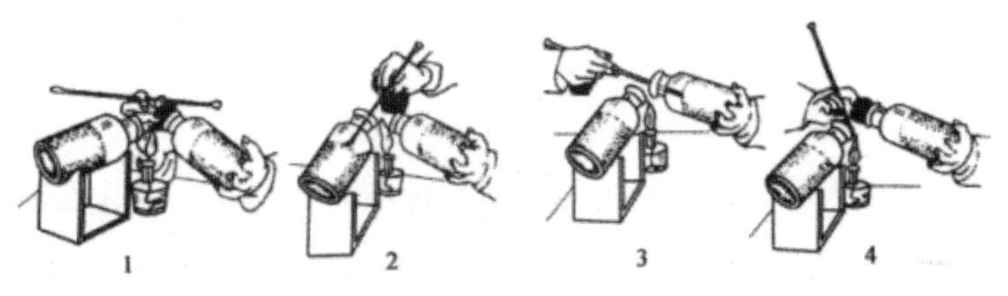

图 2-16 栽培种接种方法（1. 搅拌原种后拔待接瓶棉塞；2. 取少许原种；3. 接入栽培种培养基内；4. 塞好棉塞进行培养）

4. 栽培种培养

栽培种的培养类似原种，接种后根据菌种的生物学特性，置于消过毒的培养室内，将室内温度调节至适宜于其菌丝生长的温度（25℃左右）下黑暗培养，并及时检查新生菌丝萌发、长势、杂菌污染等情况，污染瓶（袋）应及时处理。多数食用菌在适宜的条件下经 30~40d 培养可长满整个培养基，供栽培使用。

二、菌种的鉴定和保存

优质的菌种是生产的基本材料，没有优良的菌种，就不可能获得高产和稳产。因此，科学的菌种保藏是其优良特性延续的保证。

（一）菌种的评价

菌种评价主要是通过肉眼观察、显微菌丝检查、生活力检测、栽培试验来衡量未知或已知菌种质量的好坏，其中栽培试验是目前最有效最直接最可靠的办法。

1. 肉眼观察

利用肉眼直接观察待检测的菌种，要看其标签上菌株名称是否所需，容器（试管、培养皿、玻璃瓶等）是否破损，硅胶塞或棉花塞是否松动，容器内污染与老化情况，菌丝是否粗壮、均匀整齐、长势好、连接成块、有弹性及无吐黄水现象等，培养基是否湿润、无原基或幼菇形成及与容器壁紧贴，菌种色泽、有无斑块及抑制线，菌种是否有其特有的香味，手捏原种或栽培种料块其含水量是否达标等。

2. 显微菌丝检查

利用显微镜观察菌丝结构，优质的菌种其菌丝一般透明、有横隔、粗壮、分支多、细胞质浓度高且颗粒多等，有锁状联合现象的菇类，可观察到明显的锁状联合结构。

3. 生活力检测

以供鉴菌种为测试对象，无菌操作下取直径为 5mm 左右的菌落接入新培养基上，在最适的培养条件下培养一段时间，测定菌丝是否具备萌发和吃料快、生长迅速、长势健壮、整齐且浓密等优良菌种的特点。

4. 栽培试验

栽培试验是检测菌种的主要方法，将待检测的菌种通过母种、原种及栽培种的制作流程来评价其实际生产能力，在最适的培养条件下观察是否达到菌丝生长速度快、长势好、吃料能力强、出菇周期短且出菇整齐、子实体形态正常且抗逆性强、产量和品质好、转茬快且出菇茬次多等优质菌种的标准。

（二）菌种的选购

作为菇农或科研工作者，直接购买菌种是一条很简单的途径，但要注意以下几点：

1. 视觉观察

在购买的过程中，一方面，应仔细检查包装情况，尤其是菌种分装容器有无破损；另一方面，检查菌种是否具备“纯、正、壮、润”特点，优质菌种不允许有杂菌感染即为纯；菌丝色泽为菌种固有，培养料菌丝应无变色、松散、吐黄水、长子实体原基等现象即为正（金耳除外）；菌丝在新旧培养基上均长势旺盛、浓密、吃料快、分支多且粗壮即为壮；培养基质不允许出现与容器壁分离现象，含水量适宜即为润。

2. 手测检查

手测法既可通过重量判断菌种失水和菌龄情况，又可检测分装菌种的容器其硅胶塞或棉花塞松紧度情况，过松则容易透气但感染杂菌概率高，过紧则菌种长期透气性差而导致菌丝弱，短时间内很难恢复生长。

3. 嗅觉辨别

纯菌种有其特有的香味，随机抽取菌种样品，拔掉硅胶塞或棉花塞，鼻子靠近容器口通过嗅觉来辨别菌种是否发出臭、酸、霉等气味，若存在证明样品菌种已污染。

（三）菌种的保存

根据不同菌种的遗传和生化特性，通过低温、干燥、缺氧等手段，人为创造不利于菌种新陈代谢的环境，使其生命处于休眠或代谢活动处于较低的状态，从而达到延长寿命并保持原有的性状，最终防止死亡、污染和退化的技术即为菌种保存。

食用菌菌种保存的方法很多，但原理大同小异，如新低温菌种保存法、液体石蜡保存法、滤纸片保存法、继代培养保存法、液氮超低温保存法、沙土管保存法、自然基质保存法、生理盐水保存法、冷冻真空干燥法等。目前，最常用的方法有以下几种：

1. 新低温菌种保存法

新低温菌种保存法是在低温菌种保存法基础上，经改造后的一种有效菌种保存方法。

首先，制作适合于保存用的母种培养基，为防止菌种在保存过程中因新陈代谢而产酸过多，可在培养基中添加 0.02% 的碳酸钙或 0.2% 的磷酸二氢钾等盐类，对培养基 pH 值起缓冲作用；其次，将菌种接种于保存培养基上，待菌丝长满斜面 2/3 后，在无菌条件下，换上无菌橡皮塞并用石蜡密封后移入 2~4℃的冰箱中保存。但草菇菌种在 5℃以下会很快死亡，因此，一般在其菌落上灌注 3~4mL 的防冻剂（10% 的甘油），也可将其置于室温或 10~12℃下保存。最后，要做好菌种保存期管理工作，保藏期可达 6 个月以上，适合于短期母种保存。

2. 液体石蜡保存法

液体石蜡保存法又称矿油保存法。首先，取化学纯、不含水分、不霉变的液体石蜡装于锥形瓶中加棉塞并包纸，在 1.05kg/cm^2 压力下灭菌 30min 后，将其置于 40℃恒温箱中烘烤数小时除去灭菌产生的水蒸气，再用无菌接种环蘸取少量无菌液体石蜡移接于空白培养基斜面上，在 28~30℃下培养 2~3d，若无杂菌生长，备用。其次，在培养好的母种斜面上灌注上述处理过的液体石蜡，以高出培养基斜面 1~1.5cm 为宜，用橡皮塞代替棉塞，继续用石蜡密封，置于冰箱冷藏或于室温下保藏，保藏期可达 1 年以上，适合于长期母种保存[1]。

3. 滤纸片保存法

以无菌滤纸为食用菌孢子吸附载体而长期保存菌种的方法即为滤纸片保存法。将白色（收集深色孢子）或黑色（收集白色孢子）滤纸剪成（2~4）cm×（0.5~0.8）cm 小纸条，用纸包裹后平铺于 250mL 的三角瓶，另取变色硅胶数粒放入带有棉塞的干净试管，121℃下灭菌 20~30min。灭菌后，将装有小纸条的三角瓶与变色硅胶的试管置于 80℃烘干箱中 1h 备用。冷却后，采用悬钩法采集孢子，室温下 1~2d，小纸条上可落满孢子。无菌操作下，将有孢子的小纸条移入有变色硅胶的试管中，再置干燥器中 1~2d，充分干燥后用无菌胶塞封口并贴上标签，低温保藏。在后期使用菌种时，只须将落有孢子的小纸条在无菌操作下取出，将有孢子的一面贴在培养基上适温培养 7d 左右可观察到孢子萌发形成的菌丝。该方法有效保藏期 2~4 年，有的可达 30 年以上。

1　周会明 . 食用菌栽培技术 [M]. 北京：中国农业大学出版社，2017.

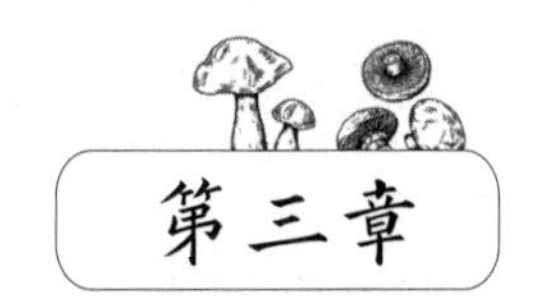

第三章

食用菌栽培设施与栽培技术

在食用菌生产过程中，其栽培设施与栽培技术直接影响食用菌的产量和质量。因此，本章重点描述了食用菌栽培设施与栽培技术。

第一节 食用菌栽培常用设施

一、标准蘑菇房

双孢蘑菇在适当的自然条件下完全可以进行露地栽培，但在人为控制条件下能取得更好的栽培效果。因此，到目前为止，国内外普遍采用的大都是保护地栽培。所谓保护地是能够人为控制栽培条件的栽培场所，国内最常用的是床架式标准蘑菇房。采用这种菇房栽培双孢蘑菇，在温暖潮湿地区，菇房的设施应加强通风换气；在寒冷干燥地区，则应加强保温、保湿性能。

（一）菇房场地选择

建造菇房应选择土地高燥，排水方便，周围环境清洁且开阔，远离鸡棚、猪舍、牛舍、仓库和饲料间，近水源，并有堆料的地方。菇房的方位最好是坐北朝南，这样有利于通风换气，又可提高冬季室温，避免春、秋季节干热的西南风直接吹到菇床上，并可减少西晒。

（二）菇房的结构

菇房一般采用砖木结构，墙壁、屋面要求厚一些，可减少因自然气温的突然变化而使室温剧烈波动。有条件时可以用夹墙，间距 60cm，中间填塞木屑、稻草等隔热材料。也可以用泥墙，泥墙中间加 30cm 厚的稻草，用以保温。墙面要用石灰粉刷，应具有良好密闭性能，不可有漏洞。地面要光洁坚实，如有条件最好建造水泥地坪，使杂菌、害虫不易潜伏，便于消毒。

（三）菇房的规格

菇房的栽培面积因地而异，但要求大小适宜。过大管理不便，通风换气不均匀，温、湿度难以控制，容易发生病虫害并难于防治；过小则利用率不高，成本高。

（四）通风设施

菇房的门、窗、拔风筒设计合理，才能提高菇房通风换气效果和保湿性能。一般开两扇门，门宽与走道相同，高度以生产者方便出入为宜。若有条件，每隔两行走道开一扇门，进出料、通风都很方便。菇房床架间的走道两端均开通气窗，根据菇棚大小开 2~6 个。上窗的上沿略低于房檐，下窗的下沿高出地面 8~10cm，因二氧化碳比重大，常沉积在底层，地窗开高了，就不容易排出。通风窗的大小以宽 40cm、高 46cm 为好。通风窗要钉上尼龙网纱及铁网，以防老鼠、害虫进入。现在有些菇农在通风窗装上滑道，安装上玻璃，非常便于开关通风口。菇房走道中间屋顶上置拔风筒 1 个，高 130~165cm、直径 33~40cm。拔风筒顶端装风帽，风帽大小为筒口直径的两倍，帽缘应与筒口相平，这样拔风效果好，又可防止风雨倒灌。

（五）床架

床架必须坚固结实，能承载堆肥及覆土的重量。通常采用竹木结构。菇床宽度以能采取床中部的菇为适，一般在 1~5m。菇床上设横挡，铺上细竹条、尼龙网等。每个床架上设 5~6 层菇床、层距 60~70cm，最下层距地面 20cm 以上，最上层距屋顶 1.3~1.6m。菇房内的床架排列要与菇房走向垂直，东西走向的菇房则南北向排列。床架间距 66cm，以利于操作。

二、半地下式菇房

半地下式菇房一半建在地面上、一半建在地下，造价较低，兼有地面式及地下式菇房的优点，可用来栽培多种食用菌。

建造半地下式菇房，先在地面挖坑，坑深 2.2m（地下水位高的地方可以挖浅一些），宽 2.7~2.9m，长度视需要而定。在坑内砌墙，直达地面上 1.5m。也可在地面用泥土夯墙但不够牢固，雨水多的地方尤其如此，且不便于消毒。半地下式菇房的屋面与地面角度以 30° 为宜。在屋脊上，每隔 4~5m 设一直径 40cm 的拔风筒。

如果用来栽培双孢蘑菇、草菇等，可以在菇房内摆放床架。床宽 1m、层间距 45cm，共6层，床架间距 70cm。为改善通风条件，在地下部分开通风道，新鲜空气由风道进入菇房，从拔风筒排出。

三、地下式菇房

山洞、矿坑、地下室等都可用来栽培食用菌。在气温较低的北方，可以用石块或水泥在距地面 1.65m 以下建地下式菇房。

地下式菇房的特点是空气相对湿度大，温度变化小，常年保持在 12~18℃，冬暖夏凉，可全年栽培；其缺点是通风条件差，难于控制，操作不便，雨季容易积水。在地窖上方最好安装电动抽风机，菇房内增设通风道，才不至于使生产失败。

地下式菇房依据种植的食用菌不同，可采取不同的利用方式。如采用畦式菌床进行栽培，可视地下室宽度做成二垄式或三垄式畦床，畦宽 80~170cm。培养料堆成龟背形，中间高 20~30cm，可增加出菇面积，畦间留 50cm 宽人行道。也可以做成层架式畦床，层距 40~50cm，料面保持一定斜度，以利于操作。

四、日光温室及半地下日光温室

半地下日光温室比日光温室成本低，利用空间大，而且保温和保湿效果好，各地应根据当地的具体条件和所栽培的品种，建设适宜的日光温室。

用于食用菌栽培的日光温室介于蔬菜大棚与温室之间，其保温性比塑料大棚好，坐北朝南。近年来，各地建设的日光温室形式极多，主要有短后坡高后墙薄膜日光温室、琴弦式薄膜日光温室、全钢拱架塑膜日光温室、长后坡矮后墙薄膜日光温室、微拱式薄膜日光温室、圆拱式薄膜日光温室、装配式拱圆薄膜日光温室等。现简单介绍三种常见日光温室：

（一）短后坡高后墙薄膜日光温室

1. 结构

跨度 5~7m，后坡长 1.0~1.5m。后坡构造及覆盖层由柱、梁、檀、细竹、玉米秆及泥土构成，矢高 2.2~2.4m，后墙高 1.5~1.7m；寒冷地区北墙厚 0.5m，墙外培土，温室四周开排水沟[1]。

2. 特点

由于后墙较高，操作方便，冬季太阳光可直接照到后墙，春秋光照充足，保温性能较好。

（二）琴弦式薄膜日光温室

1. 结构

跨度 7m，矢高 3.1m，其中水泥预制中柱高出地面 2.7m，地下埋深 40cm；前立窗高 0.8m；后墙高 1.8~2m；后坡长 1.2~1.5m，每隔 3m 设一道 10cm 钢管桁架。在桁架上按 40cm 间距横拉 8 号铁丝固定于东西山墙，在铁丝上每隔 60cm 架设一道细竹竿做骨架，上面盖薄膜，不用压膜线。在薄膜上面压细竹竿，并与骨架细竹竿用铁丝固定。

2. 特点

采光好，空间大，温室效应较好，操作方便，前部无支柱，便于挂天幕搭小棚保温。前立窗角度有待改进。

（三）全钢拱架塑膜日光温室

跨度 6.8m，矢高 2.7m，后墙可用 43 号空心砖建造，高 2m；钢筋骨架，上弦直径 14~16mm，下弦直径 12~14mm，拉花直径 8~10mm，由三道花梁横向拉接，拱架间距 60~80cm；拱架的上端搭在后墙上；拱架后屋面铺木板，木板上抹泥密封，后屋面下部 1/2 处铺炉渣做保温层；通风换气口设在保温层上部，每隔 9m 设一通风口。温室前底脚处设有暖气沟或加温火道。

这种结构的温室大棚，坚固耐用，采光良好，通风方便，有利于保温和室内作业。

五、塑料大棚及半地下塑料大棚

运用塑料大棚栽培食用菌，现已相当普遍，因为其建造较为简单，操作较为方便。塑料大棚的形状，可分为圆拱形塑料棚和屋脊形塑料棚。根据棚的骨架材料又可分

1 申进文 . 食用菌生产技术大全 [M]. 郑州：河南科学技术出版社，2014.

为全竹结构、全木结构、全钢结构、水泥预制结构及竹木混合结构。根据大棚栋数的多少，可分为单栋棚和连栋棚。使用较普遍的是单栋棚，它的特点是建造容易、通风良好、雨雪易处理。建棚时，可因陋就简，就地取材。单栋塑料大棚依其建造形式可分为单斜面棚、双斜面棚、圆拱形棚和半地下式棚等。

（一）单斜面（一面坡）塑料大棚

多为东西走向，北面有土墙防风保温，东西两端有山墙，靠北墙可建火道，用来加温。这种棚多为土木结构，投资较小。建筑面积可大可小，一般长 20~30m、跨度 5~6m。为增加棚内保温性能，脊高为 1.6m 左右，不要超过 1.8m。因为脊越高，其散热面就越大，散失热量就越多，保温性就越差。在不影响人工操作的情况下，以稍低为宜。

（二）双斜面塑料大棚

双斜面塑料大棚即两个屋面均为塑料薄膜覆盖，两个斜面对称的为等屋面棚，两个屋面宽窄不一的称为不等屋面棚。双斜面棚为东西走向，棚长为 20~30m，一般不超过 50m，跨度 8~10m，脊高 1.6~1.8m，侧高 0.7~0.8m。双斜面大棚由于两个屋面都比较平直，建筑材料多为木结构或竹木混合结构，有条件的可用全钢筋结构。为使棚内的保温、保湿性能更好，棚的两端和前后侧柱可用土墙代替，这样既可节约材料又可改善棚内小气候。

（三）圆拱形塑料大棚

圆拱形塑料大棚是就大棚顶部形状而言的，其材料大多为竹竿。由于竹竿光滑无刺，易于弯曲成形，而且结实耐用，一般情况下可以用 4~5 年，成本低。除了全竹结构，也有竹木结构、竹钢结构、竹苇结构，有条件也可用全钢结构，总之应根据情况就地取材。

第二节 常见木腐菌食用菌及其栽培技术

一、香菇栽培

香菇[拉丁名 Lentinula edodes (Berk.) Pegler]，又名香菌、厚菇、香蕈、花菇、香菌、花蕈、香信、椎茸等，英文名 Shiitake、Black Forest Mushroom，隶属于真菌界 (Eumycetes) 真菌门 (Eumycophyta) 担子菌亚门 (Basidiomycotina) 担子菌纲 (Basidiomycetes) 伞菌目 (Agaricales)

类脐菇科(Omphalotaceae)香菇属(Lentinula),其野生子实体主要产于我国云南、福建、浙江、湖南、四川、台湾、安徽、湖北、海南、广东、甘肃、广西、贵州等地，在朝鲜、日本、新西兰、菲律宾、俄罗斯、尼泊尔、马来西亚等国也有分布。

(一)香菇生长发育对环境条件的要求

1. 营养

营养是香菇整个生命过程的能源，也是产生大量子实体的物质基础。丰富而全面的营养是香菇高产优质的根本保证。香菇是木腐菌，主要需要的营养成分是碳水化合物和含氮化合物，也需要少量的无机盐、维生素等。香菇对碳源的利用相当广泛，包括单糖类、双糖类和多糖类。单糖类（葡萄糖、果糖、乳糖）能被香菇菌丝直接利用，双糖（蔗糖、麦芽糖等）较易被吸收利用，而香菇菌丝生长所需的大量碳源则来自多糖。多糖虽不能被其直接利用，但菌丝在生长过程中可分泌一系列酶类，使多糖降解后供其生长利用。在制种和生产过程中，为了让菌丝生长得旺盛、健壮，往往人为补充一些单糖和双糖。

2. 温度

香菇是变温结实性菌类，原基的分化形成需要有一定的温差刺激。在适温范围内，气温高，生长快，菇薄质劣；气温低，生长缓慢，菇厚质好。根据香菇子实体形成的适温可把香菇分成：中高温型（出菇中心温度20–25℃）；中温型（出菇中心温度15~20℃）；低温型（出菇中心温度10~15℃）。

3. 水分

水是香菇生命活动的物质基础，但不同生育阶段对水分和空气相对湿度的要求不同。香菇孢子在20℃下、空气相对湿度90%时，经10d便失去活力；空气相对湿度10%（干燥）经10d，萌发能力还很好。当孢子落入到适宜含水量的基质上，在适宜的温度下就会迅速吸湿膨胀、萌发。菌丝生长阶段在段木上以含水量35%~40%最适合，在木屑培养基上以55%~60%为适宜。含水量低于55%会影响子实体的形成，营养生长期对空气相对湿度的要求为70%左右，湿度过高易引起杂菌滋生。

4. 空气

香菇是好气性真菌。足够的新鲜空气，是保证香菇正常生长发育的重要条件。缺氧会导致香菇呼吸过程受阻，菌丝和子实体发育受抑制，菌丝生长弱，出现长脚菇、大脚菇、无盖菇等畸形菇。在菌筒栽培上，常用刺孔通气法增加氧气，使菌丝分解木质素的能力增强，积累丰富的营养，以提高产量与品质。

5. 光照

菌丝生长不需光线，光照过强会抑制菌丝生长，易形成褐色菌膜。子实体的分化需要有一定光照，最适的光照强度为100lx。曝光的时间长，香菇子实体的数目多；光线过弱，子实体生长菌柄长，菌盖色浅，孢子形成少，菇肉薄。

总而言之，以上这些生活条件是综合性对香菇发生作用的。在营养条件完全满足的情况下，决定能否出菇主要因素是温度、湿度和光照。当原基形成之后子实体发育长大，关键是能否保证通风换气、保证适当的空气相对湿度和光照。因此，在栽培上应尽量创造最适于香菇菌丝和子实体生长发育的环境条件，才能获得优质高产。

（二）栽培与管理

香菇栽培方式最早是采用砍伐原木栽培，以后演变为纯菌种的原木和段木栽培，使香菇的朵形、产量大幅度提高。代料栽培研究成功尤其是室外菌棒栽培技术的应用和推广，使我国的香菇产量跃居世界首位。

1. 段木栽培

段木香菇，肉质细嫩，味浓口感好，为传统出口产品。利用枝丫柴栽培香菇是山区致富的一项好门路，其经济效益尤为可观。1m^3段木，可产干香菇10~20kg。其主要技术措施如下所述：

（1）选择适生树种。段木栽培在江南和大别山区多选用槠树、米槠、甜槠、南岭栲、青冈栎、栓皮栎、麻栎和板栗等树种，直径以10~30cm为宜。

（2）适时砍伐。砍伐时间多为立冬至惊蛰(11月中旬至翌年2月上、中旬)为最适，此时气温低，树木处于休眠状态，树皮不易脱落，且积累的营养丰富。伐后再生更新快。宜选晴天砍伐。砍倒之后带枝叶置于山场，使其脱水干燥，一般需要20~30d，然后截成段木，并统一集中到栽培场。

（3）栽培场所的选择。段木栽培可采用天然菇场或是人工菇场，应选择山腰部位，坡度比较平缓，通风排水良好，最好的坡向是东坡、南坡、东南坡，菇场附近须有水源。切忌选在低洼的谷中或是水沟、溪流旁边，这种地方通风、排水不良，光照不足，温差不大，段木易滋生杂菌，不利于子实体的形成，往往造成栽培失败。菇场的遮阳度以三阳七阴或四阳六阴为宜。

2. 野外菌棒栽培

野外菌棒栽培香菇，是在自然气温条件下进行的。由于各地气候不同，所选用的品种及栽培方式不同，栽培季节也各异。具体应根据香菇菌丝的生长、菌筒的转色及出菇对温度的要求来进行安排。

二、黑木耳栽培

黑木耳[拉丁名 AuricuLaria auricida(L.e× Hook.)Underwood],又名木蛾、木菌、光木耳、树耳、云耳、黑菜、云耳等，隶属于真菌界 (Eumycetes) 真菌门 (Eumycophyta) 担子菌亚门 (Basidiomycotina) 层菌纲 (Hymenomycetes) 木耳目 (Auriculariales) 木耳科 (Auriculariaceae) 木耳属 (Auricularia),其野生子实体主要产于温带和亚热带地区，在我国云南、四川、河北、西藏、黑龙江、福建、吉林、辽宁、湖 南、广东、广西、江苏、台湾等地均有分布。

（一）黑木耳生长发育对环境条件的要求

黑木耳在生长发育过程中,需要的环境条件主要有营养、温度、水分、光照和酸碱度等。为了使黑木耳优质高产，我们必须熟悉和掌握这些条件，为黑木耳生长发育创造出适宜的环境

1. 营养

黑木耳是一种腐生性很强的真菌，养料是它生长发育的基础。它多生于栎树、白桦和枫桦等阔叶树木的枯枝上，完全依赖菌丝体从基质中吸收营养物质，来满足自身生长发育的需要。碳源主要有木质素、纤维素、半纤维素、淀粉、蔗糖和葡萄糖；氮源主要有蛋白质、氨基酸、尿素、氨和铵类。上述的木质素、纤维素、淀粉和蛋白质等复杂的有机物质，必须由菌丝分泌出相应的酶类将其分解为小分子化合物后才能被吸收利用。还需要磷、钾、铁、镁、钙等无机盐类，少量铜、锰、锌、铝等微量元素，极少量的生长素类物质。这些营养物质在木材、木屑、棉籽皮、麸皮、米糠和玉米芯等原料中都存在，可满足黑木耳生长发育的需要。

2. 温度

黑木耳属于中温型真菌，但在不同生长发育阶段对温度有不同要求。一般菌丝生长的温度范围在 5~36℃，但以 22~28℃为最适宜温度。在温度低于 5℃或高于 36℃时，菌丝生长发育会受到抑制，当温度低于 5℃时菌丝不死亡。温度高于 28℃时，菌丝生长发育速度加快，但常常会出现菌种衰老现象。黑木耳子实体生长的温度范围在 15~32℃，以 20~25℃为最适宜温度，15℃以下时子实体难以形成或生长受到抑制，高于 32℃时子实体将停止生长或自溶分解。孢子在 22~32℃范围内均能萌发，但萌发的适宜温度是 25~28℃。

3. 水分

黑木耳在不同生长发育阶段，对水分的要求不同。在菌丝生长阶段，要求段木内的含水量为40%~50%，而栽培料内的含水量为65%左右为宜，这样有利于菌丝的定植和延伸。湿度过小会显著影响其生长发育，湿度过大会导致通风不良，菌丝体生长发育受到影响。

4. 空气

黑木耳是好气性真菌。在整个生长发育过程中都需要充足的氧气。黑木耳对二氧化碳虽没有灵芝那样敏感，但在室内和塑料大棚内栽培时，要保持栽培场所的空气流通、新鲜。所以在栽培时要经常通风换气，特别是在出耳期间必须保持良好的通气条件，既可促进子实体的生长发育，又能防止霉烂和杂菌感染。

5. 光照

黑木耳菌丝在黑暗的环境中能正常生长，但经常性的散射光对菌丝的发育有促进作用。散射光能促进原基的形成，在黑暗条件下不能形成子实体。子实体的生长发育，不仅需要大量的散射光，而且还需要一定的直射光，才能生长良好。据有关资料报道，黑木耳在1000~2000lx光照条件下，才能生长出黑褐色、健壮肥厚的子实体。而在光照不足的条件下，子实体发育不良，呈淡褐色，耳肉薄，产量低。因此露天栽培黑木耳应选择在接受太阳光好的场地。

（二）栽培与管理

我国黑木耳古老的栽培方法，是砍下产生黑木耳的树种树干，将其堆放在一起，让其自然接种。后来人们将洗木耳的水浇到树干上，这就是最原始的接种方法。随着近代生物科学的发展，科学工作者把黑木耳分离为纯种，进行了人工打穴段木栽培。我国科技工作者在20世纪70年代开始了黑木耳代料栽培的研究，利用棉籽皮、玉米芯和木屑等为代用料，栽培黑木耳获得成功，并在全国推广。目前黑木耳的栽培技术趋于成熟。

黑木耳栽培主要有段木栽培和代料袋式栽培两种形式。现以代料袋式栽培为例进行说明。

1. 掌握栽培的适宜时期

栽培实践表明，袋栽黑木耳在高温高湿的环境中，霉菌污染很难避免。如将袋栽出耳时间错开高温高湿的夏季，可减轻霉菌的污染危害。利用自然气温袋栽黑木耳，应根据历年来当地气候情况，确定栽培适宜期。以河北省中部地区为例，可安排两批生产：第一批，2月上旬至3月上旬（30d）生产原种；3月上旬至4月中旬（40d）生产菌袋；

4月中旬至5月底（45d）出耳。第二批，6月底至7月底（30d）生产原种；7月底至9月上旬（40d）生产菌袋；9月上旬至10月中旬（45d）出耳。

2. 选好良种，育好原种

黑木耳不同菌株对培养料具有不同的适应性。一般适合于段木栽培的优良菌株，代料栽培不一定表现高产。要筛选适合于不同代料的优良生产种，其生产特性要求是，菌丝生长快，耳芽形成早，子实体生长快，抗霉菌能力强。

3. 培养好菌袋

黑木耳袋栽实际上就是栽培种出耳，通常把它叫作菌袋。黑木耳袋栽成功关键在于培养好优质的菌袋，这是优质高产的前提。培养菌袋一般要经过配料、装袋、灭菌、接种和发菌五道操作程序。

4. 出耳期间的管理

一般菌袋培养40~50d后，菌丝即可发满整袋。菌丝满袋以后不要急于催耳，应再继续培养10~15d，使菌丝充分吃料，以积聚大量营养物质，提高抗杂抗病能力。这时培养室要遮光，同时适当降低培养温度，防止耳芽发生和菌丝老化。菌袋出耳前增加培养室的光照，刺激耳芽尽快形成，当出现耳芽后再转入挂袋出耳。

5. 采耳和干制

采耳：采收黑木耳应掌握好时机，做到适时采摘、勤采、细采，才能达到高产优质。正在生长的幼耳，颜色较深，耳片内卷，富有弹性，耳柄扁宽。当耳色转浅，耳片舒展变软，耳根由粗变细，耳柄收缩，腹面略见白色孢子粉时，说明木耳已经成熟，即应采收。采收时，以右手拇指和食指拿住耳片，中指压住木耳基部，拇指和食指稍用力向上扭动就可采下，采时应尽量少留耳基，或用利刃紧贴料袋将耳片割下，以免采后残根腐烂引起杂菌繁殖和害虫危害。采收时不要连料一起采下，以免影响木耳的商品质量和推迟第二次采耳时间。采摘下来的木耳，要放在清洁的筐篮里，装量不宜太多，不可压挤，免得耳片破碎。
鲜耳干制与保藏：新鲜黑木耳含水量大，采收后必须及时加工干制，以防止腐烂变质。

三、金针菇栽培

金针菇[拉丁名 Flammulina velutipes (Curt : Fr.) Singer]，又名智力菇、朴蕈、冬菇、金菇、构菌、冻菌、朴菇、毛柄小火菇等，英文名 WinterMushroom、Golden Mushroom、Enokitake，隶属于真菌界 (Eumycetes) 真菌门 (Eumycophyta) 担子菌亚门 (Basidiomycotina) 层菌纲 (Hymenomycetes) 伞菌目 (Agaricales) 膨瑚菌科 (Physalacriaceae) 冬菇属 (Flammulina)，主要分布于中国、俄罗斯、澳大利亚、北美洲、欧洲等地。

（一）形态及生活史

1. 孢子

金针菇的性遗传模式为四极异宗结合，担孢子平滑、无色或淡黄色、椭圆形或长椭圆形，担孢子双核同核体，孢子印白色。

2. 菌丝体

在显微镜下，具有结实能力的双核菌丝粗细均匀，有横隔和分枝，锁状联合结构明显。肉眼观察，呈白色、细棉绒状或绒毡状，稍有爬壁现象，老化后菌落表面呈淡黄褐色，冷藏后易在试管内形成子实体。

3. 子实体

子实体丛生、小型，菌盖直径 2~8cm，幼小时白色或淡黄色，湿润时表面黏滑，由半圆形逐渐平展，边缘由内卷逐渐波状或上翘。菌肉近白色，中央厚而边缘薄。菌褶白色至乳白色，有时微带肉粉色，离生或延生，不等长。菌柄长 3~18cm、直径 0.2~1cm，中生，圆柱形，上半部白色至淡黄色，下半部有黄褐色或深褐色短绒毛，内部由近木质髓心至中空。

（二）生长发育

1. 营养条件

金针菇属于弱木腐性食用菌，整个生长发育阶段必须从基质中不断摄取碳素、氮素、无机盐、微量元素等营养物质，但菌丝体分解木质素的能力较弱，抗逆性较差，在野生状态下树木腐朽程度不够而不能产生子实体。生产中，常在培养料中掺入一定的麸皮、米糠或玉米粉来补充维生素 B1、维生素 B2，添加一定量的磷、镁无机盐后会促进其菌丝生长和子实体的分化。金针菇生长的碳氮比（20~40）:1，以 30:1 最适宜。

2. 环境条件

金针菇属于一种低温型恒温结实菌类，其孢子萌发、菌丝生长、原基分化、子实体发育的温度分别是 15~25℃、18~24℃、8~16℃、5~19℃，不同品种之间的差异是存在的。菌丝体耐高温能力极差，高于 32℃时停止生长，致死温度为 34℃，但能耐较低的温度，在 –21℃的低温下 3~4 个月仍具有旺盛的生命力。子实体在温度低于 3℃或高于 18℃时发育不良，低于 0℃，其菌盖颜色变为褐色，朵形差，失去商品价值。

（1）菌丝体阶段

培养料的含水量为 60%~65%，空气相对湿度 70%~80%，氧气充足，不需要光线，pH 值 5.5~6.5。

（2）子实体阶段

除氧气、pH 值与菌丝体阶段一致外，培养料的含水量 60%，空气相对湿度 80%~95%，需要一定量的散射光，无光子实体也能形成，但品质差。光线强或二氧化碳浓度低时菌柄短、开伞快、色泽深及菌柄基部绒毛多；光线微弱或二氧化碳浓度高时色泽浅（黄白色或乳白色），商品价值高，能抑制菌柄基部绒毛的产生及色素的形成；长期黑暗则形成菌柄细长、无菌盖的针状菇。

（三）袋式栽培技术

1. 栽培品种

（1）黄色品种

黄色品种的温度适应范围宽且较耐高温，菌丝生长、原基分化、子实体生长的适宜温度分别是 22~24℃、10~14℃、8~12℃。黄色品种抗性强、产量高，子实体上部和下部颜色分别为黄色、褐色，柄基部有绒毛，口感好。

（2）白色品种

白色品种不耐高温，菌丝生长、原基分化、子实体生长的适宜温度分别是 18~20℃、10℃、5~8℃，高于 18℃，子实体难以形成。白色品种抗性差，子实体上下乳白色，柄基部绒毛少或没有。

（3）浅黄色品种

该品种对温度的要求介于黄色与白色两种之间，子实体上下淡黄色。

2. 培养基的制备

（1）母种常用配方

①马铃薯 200g，葡萄糖（或蔗糖）20g，琼脂 15~20g，维生素 $B_1$1g，维生素 $B_2$1g，水 1L。

②马铃薯 200g，麸皮 20~50g，葡萄糖（或蔗糖）20g，琼脂 15~20g，水 1L。

（2）原种常用配方

①小麦粒 98%，石膏粉 2%。

②小麦粒 93%，米糠（麸皮）5%，石膏粉（或碳酸钙）2%。

（3）栽培种常用配方

①阔叶木屑 73%、米糠（麸皮）25%、蔗糖 1%、石膏粉 1%。

②玉米芯 73%、麸皮 25%、蔗糖 1%、石膏粉 1%。

③棉籽壳 83%、米糠（麸皮）15%、蔗糖 1%、石膏粉 1%。

④豆秸屑 78%、麸皮 10%、玉米粉 10%、蔗糖 1%、石膏粉 1%。

⑤切碎稻草 70%、麸皮 25%、玉米粉 3%、碳酸钙 1%、蔗糖 1%。

（4）生产常用配方

①木屑 80%、米糠（麸皮）20%。

②玉米芯 45%、棉籽壳 45%、麸皮 8%、石膏粉 1%、石灰粉 1%。

③棉籽壳 90%、麸皮 8%、石膏粉 1%、石灰粉 1%。

④醋糟 78%、棉籽壳 20%、磷酸二氢钾 0.5%、石膏粉 1.5%。

⑤切碎稻草 50%、木屑 22%、麸皮 25%、尿素 1%、石膏粉 1%、石灰粉 1%。

（5）制作过程

上述培养基的制作过程采用常规生产方式，灭菌后 pH 值以 5.5~6.5 为宜，理论上含水量以 60%~65% 为宜，但可根据情况适当增减。

3. 接种及发菌管理

选择适合本地栽培抗杂能力强、长势强、纯正的金针菇菌种，挖去表面老化菌丝，25℃左右接菌，在该菌的最适菌丝生长条件下培养。栽培袋接种后搬进培养室内，摆放于培养架上培养，不能堆放过高（3~4 层为宜），每隔 10d 左右翻堆 1 次（10d 可长满料袋的接种表面），30d 左右长满整个菌袋。

4. 搔菌、催蕾

金针菇菌丝生长较快，接种口菌丝容易老化，通过搔菌以便菌丝受伤后遇氧气形成更多的原基。当菌丝即将长满菌袋时，拉开袋口，用消过毒的工具扒掉培养料表面老化的菌丝。搔菌结束后，袋口朝上竖立于地面或栽培架，然后在袋口上方覆盖报纸或黑色地膜，每天向报纸及地面喷水 1~2 次以保持空气湿润。2~3d 后，培养基表面长出一层新菌丝，加强通风换气；待料面有琥珀色（原基）出现时，根据品种保持适宜的温度，空气相对湿度 80%~85% 时进行催蕾，经 2~3d 后原基将分化成 1~2cm 的小菇蕾。

5. 出菇管理

小菇蕾形成后，一般要采取培养室直接降温或夜晚通冷风降温的抑菌措施，以便使菇蕾整齐一致地向上生长。抑菌完成后，根据品种保持适宜的温度，每天先揭膜通风 10min，再盖膜后喷水 1~2 次，使空气相对湿度保持在 80%~85%。当菇蕾长至 4~5cm 高，拉直袋口，提高袋内二氧化碳浓度和空气相对湿度，以达到增加菌柄长度及延迟开伞的目的，经 6~7d 后方可生产出优质的金针菇子实体。

6. 采收及后期管理

当菌柄长度达到 13~18cm、盖菌直径 0.8~1cm 时可采收第一茬菇。采完后，菌袋培养基的含水量减少，养分积累不足，为保证下一茬菇的高产，可用 0.5% 的糖和 0.1% 的尿素溶液灌袋，然后浸泡 5~6h，再进行新一轮的搔菌、催蕾、抑菌等常规管理，一般可采收 2~3 茬菇。

（四）瓶式栽培技术

1. 栽培品种

瓶式栽培品种与袋式栽培相同。

2. 培养基制作

除培养料分装容器不同外，瓶式栽培其母种、原种、栽培种及生产培养基配方、制备方式均与袋式栽培基本相同，但因菌种的状态不同，培养料含水量略有差异，接液体菌种培养料的含水量一般为 50%~55%，接固体菌种与袋式栽培相同。

（1）家庭式栽培

常用塑料瓶栽培，规格有 750mL、800mL、1000mL，栽培瓶口小则接菌后不易污染，透气性较差，水分蒸发少，菇蕾发生数量少，瓶口大则相反。装料时要松紧均匀，瓶壁处须压实，培养料装满并压平后距瓶口 1.5~2cm，采用直径为 1.5cm 的锥形棒在料中央打孔，用带有小洞的聚丙烯膜加四层报纸或牛皮纸封口后用绳子扎紧。

（2）工厂化栽培

栽培瓶规格与生产设备相配套，常见的有 850mL、1000mL、1100mL 等聚丙烯塑料瓶，瓶口直径有 55cm、65cm、70cm 等规格。调节机器（包括装料量和松紧度）后，装料和压盖由装料机一次完成。

3. 接种及发菌管理

固体菌种的人工接种与袋式栽培相同，工厂化则由自动接种机大规模快速接菌；液体菌种由接种枪或自动接种机接种，每瓶接种 30mL 左右，接种后的培养与袋式栽培相同。

4. 搔菌、催蕾

（1）家庭式生产

家庭式栽培的搔菌、催蕾与袋式栽培类似。当菌丝长满瓶或菌丝生长达到培养料的 90% 时，用消过毒的工具刮去料面菌块和老化菌丝，再用报纸或薄膜覆盖，温度、湿度、光照、空气的调节同袋式栽法，切忌积水或直接向菌丝喷水。

（2）工厂化生产

菌丝长满菌瓶后，搔菌机采用平搔法搔去表面 1~2cm 的老菌块，封盖，将菌瓶移入遮光出菇室，根据品种调节适宜的温度，空气相对湿度 90%~95%，二氧化碳浓度 0.1%~0.2%

进行催蕾。

5. 出菇管理

（1）家庭式栽培

菇蕾出现后，当幼菇长至瓶口时，采用加套筒（塑料或纸）法，调节供氧气浓度、二氧化碳浓度、光照、湿度，增加菌柄长度及抑制开伞，生产色浅、质地柔嫩的金针菇子实体。

（2）工厂化栽培

菇蕾产生后，根据品种保持适宜的温度，空气相对湿度 80%~85%，适当通风。当幼菇长出瓶口 3~5cm 时，加套筒保证幼菇形态、生长整齐一致。

6. 采收及后期管理

瓶式栽培与袋式栽培的采收及管理基本相同，但工厂化生产考虑到综合成本（能耗和管理），一般都是一次采收。因此，家庭式栽培和工厂化栽培所用的品种有差别，工厂化的品种要求出菇整齐、头茬菇产量高，而家庭式栽培则相反，要求出菇周期长、茬次不明显。

第三节 常见草腐菌食用菌及其栽培技术

一、双孢菇栽培

双孢蘑菇[拉丁名 Agaricus bisporus (Lange) Singer],又名蘑菇、洋蘑菇、白蘑菇、双孢菇、二孢蘑菇等，英文名 Button mushroom、White mushroom、Mushroom 、Common Cultivated Mushroom，属于真菌界 (Eumycetes) 担子菌门 (Basidiomycota) 层菌纲 (Hymenomycctes) 伞菌目 (Agaricales) 伞菌科 (Agaricaceae) 蘑菇属 (Agaricus)，野生子实体主要分布于欧洲、北非、北美洲和澳大利亚等地。

双孢菇是一种腐生菌，不能进行光合作用，配料时，作物秸秆（麦秸草、稻草）中须加入适量的粪肥（如牛、羊、马、猪、鸡和人粪尿等），还须加入适量的氮、磷、钾、钙、硫等元素。合理的配方是获得高产的一个重要因素。

（一）合理选择栽培模式

农业式栽培模式。

（1）固定菇房栽培模式。

（2）日光温室大棚栽培模式。

（3）半地下或地下菇棚栽培模式。

（4）林下栽培模式。

（5）冬闲田栽培模式。

（6）山洞栽培模式。

（二）合理安排栽培季节

（1）双孢菇属低温结实性菌类，在 18℃以下才产生子实体，最适出菇温度在 16℃左右。

（2）栽培季节多安排在秋、冬季，并延续到早春。各地的气候差异及栽培设施不同，应适当调整。

（3）时间安排。一般以当地秋季昼夜平均气温稳定在 22~25℃时为播种期，由此往前倒推 23d 左右为培养料建堆日期。

（三）栽培工艺流程

备料→选定配方→室外建堆，一次发酵→培养料移入菇房（棚），二次发酵→铺料、播种→发菌管理→覆土及管理→出菇管理→采收。

（四）双孢菇栽培养料

（1）栽培原料。秸秆、畜禽粪、食用菌菌渣及其他辅助材料。

（2）秸秆。稻草、麦秸栽培为主，其次使用玉米秸、芦笋秆、红薯秧等。

（3）畜禽粪。以牛粪为主，其次使用马粪、鸡粪、猪粪等。

（4）食用菌菌渣。木腐菌类菌渣。

（5）辅料。饼肥、钙镁磷肥、尿素、石灰等。

（五）栽培养料常用配方

（1）配方一

稻草 1250kg，牛粪 700kg，过磷酸钙 75kg，尿素 10kg，石灰 25kg，石膏 25kg。

（2）配方二

稻草 1487kg，干牛粪 1912kg，硫酸铵 20kg，菜籽饼 75kg，人粪尿 25kg，过磷酸钙 50kg，石膏 50kg。

（3）配方三

麦草 1487kg，干牛粪 1487.5kg，尿素 15kg，过磷酸钙 35kg，石膏 50kg，石灰 25kg。

（4）配方四

稻草 3000kg，菜籽饼 210kg，尿素 30kg，复合肥 30kg，碳酸钙 30kg，过磷酸钙 60kg，石膏粉 60kg。

备注：以上配方均按 $100m^2$ 栽培面积计算。

（六）建堆、发酵

（1）堆制场所。一般在晒场或水泥场上。

（2）原料预湿。含水量以 65%~70% 为宜。预湿时间一般为 1~2d。

（3）建堆。一层稻草一层粪堆建，堆宽 2m、高 1.8m 左右，顶层覆盖牛粪。

（4）翻堆。5 次以上，发酵时间 20~28d。

（5）发酵质量。含水量适宜 (62%~65%)，草茎较柔软，富有弹性，粪草色泽呈黄褐色到棕褐色，闻不到粪草料刺鼻的氨味和粪臭味。pH 值调整至 7.2~7.5。

（七）二次发酵

1. 操作方法

培养料搬入菇房→关闭门窗，加温 (菇房温度快速上升至 58~62℃，维持 6~8h) →适当通风，降温至 48~52℃→维持 4~6d。

2. 二次发酵后的培养料标准

颜色呈暗褐色，并出现大量嗜热真菌、放线菌，堆料柔软，易拉断，富有弹性，无异味，培养料含水量应为 60%~62%。

（八）铺料、播种

（1）铺料厚度。15~20cm 厚；每平方米用料：20~22.5kg。

（2）播种方式。一般采用撒播的方式。

（3）用种量。一般每平方米 1.5~3 瓶栽培种菌种。

（九）发菌管理

播种后头 1~4d 为发菌前期，以保湿、微通风为主。措施是覆盖上薄膜，一般 3d 后掀动薄膜适当通风，如播种时气候过于干燥，则可向墙壁、过道喷水。播种后 4~7d 菌种开始定植吃料，管理主要是保湿换气。菇房温度控制在23~26℃，空气湿度控制在75%~80%。

（十）覆土及管理

一般播种后20d左右，菌丝长满培养料2/3时，要进行覆土。覆土材料要有团粒结构，孔隙多，保水力强，含有适量腐殖质，不带病菌和害虫的中性壤土，这种土湿时不黏、干时不散。

覆土后15~20d，覆土层下出现白色小米粒的纽状物，标志着即将出菇。

（十一）出菇管理

1. 出菇期 蘑菇从播种到出菇，需35~40d，而后进入产菇阶段。

2. 管理方法

（1）温度管理。温度控制在14~16℃。

（2）水分管理。空气相对湿度90%左右，喷水应以轻喷、勤喷为主，视土粒吸湿速度来决定每天喷水的次数及间隔的时间。

（3）通风管理。及时补充新鲜空气。气温较高时，清晨和晚上进行通风；气温低时，选择白天通风。

（4）光照管理。暗光。

二、草菇栽培

草菇原产于我国，已有300多年的栽培历史，故有“中国蘑菇”之称。由于草菇喜欢高温高湿的环境，适宜在夏季生长，既可丰富蔬菜的品种，又可弥补夏令蔬菜的空茬，低温季节可以在室内进行控温栽培。

（一）工艺流程

选场→作畦→备料→建堆→播种→覆盖草帘→发菌管理→出菇→采收。

（二）栽培材料

草菇生产用的原料主要是农作物的草秆，称碳源，一般以棉籽壳为原料的产量较高，稻草次之；辅料麦麸、米糠、玉米粉等做氮源。

（三）培养料配方

（1）配方一。稻草或麦秸 75%，畜禽粪 5%，麸皮 2.5%，肥土 10%，石灰 5%，过磷酸钙 2.5%。

（2）配方二。稻草或麦秸 75%，麸皮(米糠)10%，石灰 5%，尿素 1%，过磷酸钙 2%，畜禽粪 7%。以上培养料的水分含量保持在 60%~70%，pH 值保持在 9~10。

（3）配方三。棉籽皮 450kg，麦麸 30kg，石灰 20kg，pH 值 10~11。按 $100m^2$ 栽培面积计算。

（四）生产季节

草菇是高温型食用菌，在生长发育中对温度相当敏感。为了使草菇在播种后能正常发菌出菇，栽培季节应选择在日平均温度稳定在 23℃以上时进行。一般在 6 月上旬至 8 月下旬 3 个月中栽培，有利于菌丝的生长和子实体的发育。有塑料大棚者可提前到 5 月中旬播种。

（五）栽培方式与栽培场所

根据栽培场地的不同，草菇栽培分室内栽培、室外栽培两种。草菇室内栽培可在专门搭建的草菇房进行，亦可利用闲置的农舍、猪舍等改建而成的菇房进行，改建的菇房可搭床架，亦可直接在地面栽培。室外栽培主要在塑料大棚内、果树林下、房前屋后空地及稻田等。

（六）严格选用、处理培养料

无论选用哪种原料栽培草菇，均应干燥无霉变，并在生产前暴晒 2~3d。新收获的稻草必须彻底干燥，否则易烂料而失败。播种前用 5% 石灰水预湿拌料，pH 值达到 12 以上，再建堆发酵 4~5d，培养料基质含水量应达到 65%~70%。

（七）选用优良菌种，加大播种量

在生产中，菌种的遗传基因至关重要。选用优质高产菌株能明显提高产量、质量。适当加大播种量，可加速菌丝生长，抑制杂菌发生。

（八）栽培与管理

1. 室外栽培

（1）场地的选择

选择背风向阳、供水方便、排水容易，肥沃的沙质土壤作为建菇床的场所。在气温较低时，选南向，阳光充足，西、北两侧有遮阴物的场所；盛夏时应选择阴凉、通风处作菇床场所。作菇床时应翻地，日晒 1~2d，耙平，同时拌入石灰以驱杀虫、蚯蚓。播种时应喷湿床面，以免培养料过多失水，且要在床四周留两个宽 20cm 的出菇面。选择背风向阳、排灌方便的沙质田地或果园地，结合犁耙翻晒，加入石灰粉消毒培土，起畦宽约 1.2m，开好排水沟，搭好阴棚。

（2）培养料处理及播种

选择新鲜、无霉变的干燥稻草，将稻草放入 2%~3% 石灰水浸泡 24h 捞起，扭成草把，铺成畦面，压紧压实，在草层边缘 5cm 处撒一圈混合好的菌种（麦麸与菌种 1:1 混合），在第一层草层的外缘向内缩进 5cm 铺第二层草把，压实，在四周边缘 5cm 处撒一周混合好的菌种，以后每层如此操作，一般铺 4~5 层草把，最后一层草把铺完压实后均匀撒上一层 1cm 厚经消毒的火烧土，并盖上薄膜。菌种用量通常为每 50kg 干草撒 10 袋菌种。

（3）管理与采收

播种后注意遮阴喷水，降温保湿，当料面温度高于45℃时，要及时揭膜通风，喷水降温。一般高温季节一天揭膜喷水 2~3 次，每次隔 1~2h。3d 左右菌丝生满畦面，第 7~10d 可以见小白点状的幼蕾，第 10~15d 可采收第一批菇。采收后停水 3~5d 再喷水和管理，5d 左右又可收第二批菇，一般可收 3~4 批菇。

2. 室内栽培

草菇室内栽培，可以人为提供草菇生长发育所需要的温度、湿度、营养和通气条件，避免受大风、暴雨、低温、干旱等不良气候的侵袭，从而有利于延长栽培季节，提高草菇的产量和质量。

第四节 珍稀食用菌及其栽培技术

一、猴头菇的栽培

猴头菇［拉丁名 Hericium erinaceus (Bull.e× Fr.) Pers.］又名猬菌、猴头菌、猴菇菌、

刺猬菌、熊头菌、羊毛菌、山伏菌、花菜菌、猴头蘑、对口蘑、对脸蘑等，英文名 Bear's head hericium，隶属于真菌界 (Eumycetes) 担子菌门 (Basidiomycota) 层菌纲 (Hymenomycetes) 非褶菌目 (Aphyllophorales) 猴头菇科 (Hericiaceace) 猴头菇属 (Hericium)。野生子实体数量稀少，主要分布于我国的黑龙江、云南、四川、吉林、辽宁、内蒙古、山西、甘肃、河北、河南、广西、湖南、西藏以及日本、欧洲、北美洲等地。

猴头菇是我国著名的药食两用真菌，素称“蘑菇之王”。猴头菇性平味甘，有利于五脏、助消化、滋补身体，提高机体耐缺氧能力，增加心脏血液输出量，加速机体血液循环等功效。此外，猴头菇还可以制成多种保健食品，如猴头菌口服液、猴头多糖及各类片剂等。随着人民生活水平的提高，猴头菇也进入了普通家庭，广阔的市场需求使人工栽培迅速发展。

（一）生活条件

1. 营养

猴头菇是木质腐生菌，它自身不能制造养分，完全依赖营养菌丝分解吸收基质内的营养物质而维持生活。在酸性条件下，它分解木质素的能力很强。猴头菇所需要的营养物质有碳源、氮源、矿质元素和维生素等。

2. 温度

猴头菇是中温型的变温结实性真菌。菌丝体生长温度 6~33 ℃，最适温度为 24~26℃，低于 16℃或高于 30℃菌丝体生长缓慢，低于 6℃或高于 35℃菌丝体停止生长。子实体生长温度范围为 12~24℃，最适宜温度 15~20℃。低于 16℃子实体微带红色，生长缓慢，并随温度下降而颜色加深。超过 25℃子实体生长受到抑制，30℃以上不能形成原基。

3. 湿度

空气相对湿度对猴头菇的生长发育有很大的影响。猴头菇在不同的生长发育阶段，对空气相对湿度有不同的要求。菌丝体生长阶段，培养室内空气相对湿度保持 60% 左右即可。子实体形成阶段，培养室内的空气相对湿度要求达到 85%~90%。

4. 水分

猴头菇菌丝生长需要的培养基含水量为 55%~65%。另外，猴头菇生活的基质含水量和基质的松紧度密切相关，培养基质地坚实的要求较低含水量，如木屑等较紧密的培养基，含水量以 55%~60% 为宜；反之，要求较高的含水量，如棉籽壳基质含水量以 65%~75% 为宜。

5. 空气

猴头菇是一种好氧真菌。无论是菌丝体还是子实体生长阶段都需要氧气，对二氧化碳浓度十分敏感。

6. 光照

猴头菇厌光，对光照条件无严格要求。

（二）制种技术

1. 母种的制作

用 PDA 培养基，按常规法制作。在无菌条件下采用组织分离和孢子分离法制成猴头菇母种，并在无菌条件下，扩大成二代母种。

2. 原种的制作

原种培养基配方为：木屑 78%，麦麸 20%，蔗糖 1%，石膏粉 1%，水适量。将上述配料拌匀后，装入 750ml 菌种瓶。压实后进行灭菌处理。待菌料温度降至 30℃左右，即可将母种接入原种瓶培养料上。接种必须在无菌条件下进行，进瓶培养后，待菌丝布满整瓶时，即得猴头菇原种。

3. 栽培种的制作

培养基配方为：木屑 75%，麦麸 23%，蔗糖 1%，石膏粉 1%，水适量；或者棉籽壳 22%，木屑 48%，米糠 29%，石膏粉 1%，维生素 $B_1$0.05%，水适量。将上述各配方中的配料拌匀，培养料的湿度，以用手抓料，指缝中有水珠，但悬而不漏为准。然后装瓶、灭菌，并在无菌条件下接种，培养 20d 左右，待菌丝长满全瓶后即为栽培种。

（三）掌握栽培技术

1. 栽培场地

由于猴头菇的生长发育对温度、湿度等环境条件要求比较严格，使其栽培场地受到限制。北方地区栽培猴头菇宜在塑料大棚进行，菇农也可利用冬季蔬菜大棚、库房、山洞、室内等场地。建造塑料大棚，应选地势平坦、靠近水源、环境洁净的地方建棚。大棚规格：东西长 20~25m（根据栽培规模大小确定），南北宽 8m，北墙高（含下挖深度）2.8m，南墙高 1.6m。墙体要厚以利保温，南墙每隔 3m 设窗口以利通风。窗口装纱窗，防害虫进入。棚内地面下挖 0.5m，棚内采用无滴膜覆盖保温，进行猴头菇栽培。

2. 栽培时期

依据猴头菇生长发育对温度的要求，合理安排栽培季节。河北中南部地区一般可于 8

月中旬制栽培袋，约经1个月的培养至9月中下旬出菇；或冬季制菌袋，第二年2月底出菇，5月底出菇结束。张家口、承德坝上地区可进行错季栽培，4—5月制菌袋，5—10月出菇。

3. 装出菇袋

将混合好的原料逐一装入塑料袋中，当装料1/3时，把料袋提起，在地面上轻轻抖动几下，用手将料向下压使料紧实，然后边装边压实。装至满袋时，于袋口拳击数下，补充缺料，使袋料紧实无空隙。袋头留6cm，捆口或加套环塞棉塞（17cm×33cm菌袋一头开口，17cm×50cm菌袋两头开口）。瓶栽的同样边装边压实，装至瓶肩处压平，洗净瓶壁和瓶口，用布擦干，塞上棉花，包好瓶头，即可灭菌。

4. 灭菌

灭菌可用高压锅，也可以用常压灶。

5. 接种

无菌接种是猴头菇栽培生产中最关键、技术性强的一项工作，可在接种室或接种箱进行。

6. 发菌期管理

即菌丝体培养。菌袋进入培养室后，在适宜条件下，25d左右菌丝即可长满袋。

7. 出菇期管理

菌袋经过20多天发菌培养，菌丝长至半袋或稍多时，就会陆续出现子实体，即从营养生长转入生殖生长，开始猴头菇的生长发育。

8. 采收

猴头菇出菇时通过上述管理调整，保证最佳条件，一般从原基形成到采收需10~12d。适时采收产量最高、品质最好。

9. 加工

采收的猴头菇，可以鲜销，也可晒干、烘干或盐渍贮存。

二、灰树花（栗菇）栽培

灰树花[拉丁名Grifola frondosa(DicKs,eX Fr)S.F.Gray]分类上属于担子菌门(Basidiomycota)、层菌纲(Hymenomyces)、非褶菌目(Aplyllophorales)、多孔菌科(Polyporaceae)、树花菌属(Grifola)的真菌。灰树花是一种珍稀的食、药两用菌，味道佳口感好且有传承药效，自古以来作为日本皇室的贡品备受推崇。灰树花营养丰富，多种营养素居各种食用菌之首，其中维生素C含量是其同类的3~5倍，维生素B_1和维生素E含量高出10~20倍，蛋白质和氨基酸是香菇的2倍，与鲜味有关的门冬氨酸和谷氨酸含量较高，因此被誉为“食用菌王子”和“华北人参”。

（一）形态特征

灰树花子实体肉质，短柄，呈珊瑚状分枝，末端生扇形至匙形菌盖，重叠成丛，大的丛宽40~60cm，重3~4kg；菌盖直径2~7cm，灰色至浅褐色，表面有细毛，老后光滑，有反射性条纹，边缘薄，内卷；菌肉白，厚2~7mm；菌管长1~4mm，管孔延生，孔面白色至淡黄色，管口多角形，平均每毫米1~3个；孢子无色，光滑，卵圆形至椭圆形；菌丝壁薄，分枝，有横隔，无锁状联合（图3–1）。

灰树花在不良环境中形成菌核，菌核外形不规则，长块状，表面凹凸不平，棕褐色，坚硬，断面外表3~5mm呈棕褐色，半木质化，内为白色。子实体由当年菌核的顶端长出。

图3-1 灰树花

（二）生理特性

灰树花菌丝在20~30℃范围内均能生长，最适温度是24~27℃。子实体可在16~24℃下发生，最适温度为18~21℃。菌丝生长的环境相对湿度以65%为宜，子实体发生的最适湿度是90%。灰树花属好氧型真菌，无论菌丝生长还是子实体发育都需要新鲜空气，特别是子实体发育阶段要求经常保持对流通风，室内一般难以满足，因而出菇多在通风较好的室外进行。菌丝生长对光照要求不严格，子实体生长要求较强的散射光和稀疏的直射光，光照不足色泽浅、风味淡、品质差，并影响产量。灰树花生长的pH值为4.5~7，最适pH值为5.5~6.5。灰树花营养碳源以葡萄糖最好，人工栽培时可广泛利用杂木屑、棉籽壳、蔗渣、稻草、豆秆、玉米芯等作为碳源。氮源以有机氮最适宜菌丝生长，硝态氮几乎不能利用，生产中常添加玉米粉、麸皮、大豆粉等增加氮源。维生素B_1是子实体正常生长发育必不可少的营养物质。

（三）栽培技术

1. 菌种制作

不同菌种和菌种质量对灰树花的产量和质量有决定性的作用。有的菌种质量低劣，甚至干脆就不出子实体。因此一定要选用经生产验证、抗逆性强、生长快、产量高的优良菌种。无论是引进的或自己分离的菌种，在大规模扩接前都应进行出菇试验。

灰树花母种适宜的培养基为PDA综合培养基和麸皮培养基，也可用谷粒培养基，按常规方法制作。这三种培养基可用于灰树花母种的分离和转扩，分离部位以灰树花菌盖与菌柄连接处的内部菌肉为佳。选择待分离株应是品系中分化好的健壮株，分离和转扩均在无菌操作下进行。

2. 栽培管理

灰树花出菇有袋式和仿野生两种管理方式。

（1）袋式出菇：将长原基的菌袋移入出菇室，保持温度20~22℃，空气湿度85%~90%，光照200~500lx，3~5d后除去环、棉塞，直立床架上，袋口上覆纸，纸上喷水，每天通风2~3次，每次1h。20~25d后，菌盖充分展开，菌孔伸长时采摘。采摘时，可用小刀将整丛菇割下，连采2茬，生物效率达30%~40%。

（2）仿野生出菇：用木屑做培养基的栽培菌袋，菌丝满袋后，脱去塑料袋，将菌棒整齐地排列在事先挖好的畦内，菌棒间留适当间隙，在菌棒缝隙及周围填土，表面覆上1~2cm厚的土层。这是覆土栽培的一种形式，生物效率可达100%~120%。

3. 采收和贮运

（1）灰树花采收的时间

灰树花由现蕾到采收的时间与子实体生长期的温度有关。一般地说，如果温度为23~28℃，由现蕾到采摘需13~16d，如果出菇时的温度在22℃以下至14℃，由现蕾至采摘要经过16~25d。

（2）灰树花应该采摘的标志

如果阳光充足，灰树花幼小时颜色深，为灰黑色，长出菌盖以后在菌盖的外沿有一轮白色的小白边，这轮小白边是菌盖的生长点。随着菌盖的长大，菌盖由深灰色变为黄褐色，作为生长点的白边颜色变暗，边缘稍向内卷曲，此时可采摘。

（3）灰树花采收的方法

采收灰树花时，将两手伸平，插入子实体底下，在根的两边稍用力，同时倾向一个方向，菌根即断。有的菌根可以长出几次灰树花。捡净碎片及杂草等，过1~2d喷1次大水，照常保持出菇条件，过20~40d就可出下茬菇。将采下的灰树花除掉根部的泥土和沙石及子实体上面的杂草等即可销售。

（4）灰树花的贮运

鲜灰树花应贮放在密闭的箱内或筐内，每朵灰树花单层排放，尽量不要堆得过高，造成挤压。需要密集排放时，应使菇盖面朝下，菇根面朝上。灰树花贮藏温度以4~10℃为宜，温度过高，鲜菇继续生长因而老化。灰树花鲜品运输要力争平稳，将每箱（筐）单层或双层排放，避免挤压、碰撞和颠簸。干制和盐渍是灰树花的主要加工方式。真空冷冻干燥或升华干燥是目前世界上最好的加工技术，其优点是制品能够较好地保持原有的色、香、味、形和营养价值，商品性比一般加热烘干法优越。

三、金耳栽培

金耳［拉丁名 Tremella aurantialba Bandoni et Zang. sp. nor.］，又名脑耳、黄耳、黄木耳、金黄银耳等，英文名 Golden Tremella 或 Witch's Butter，隶属于真菌界 (Eumycetes) 真菌门 (Eumycophyta) 担子菌亚门 (Basidiomycotina) 层菌纲 (Hymenomycetes) 异担子菌亚纲 (Heterobasidiomycetes) 银耳目 (Tremellales) 银耳科 (Tremellaceae) 银耳属 (Tremella)，主要分布于亚洲、欧洲、北美洲、南美洲及大洋洲，在我国云南、西藏、四川等地分布较多[1]。

（一）形态及生活史

1. 孢子

金耳的性遗传模式为四极异宗结合，担孢子平滑、无色透明或淡橙黄色，含无数小颗粒体，球形、近球形或椭圆形，担孢子不能直接萌发形成菌丝，常以芽殖方式先产生次生担孢子或芽孢子，在适宜的条件下再萌发形成菌丝。

2. 菌丝体

双核菌丝在显微镜下细而长，有横隔、分枝及半圆形的锁状联合结构。单一或纯金耳菌丝体洁白，在培养基上生长十分细弱和缓慢，只有借助于具亲和性的伴生菌菌丝体的友好帮助才能正常生长。结实性菌丝体经一段时间发育达到生理成熟后逐渐形成原基，最终形成金耳子实体。

金耳子实体外层由三生菌丝组织化形成的胶质结构组成，在营养生长阶段除最外表皮层属于革菌型的菌丝组织外，其余均属于金耳型菌丝组织，生殖生长阶段近成熟至成熟期的子实体，最外表皮层至内层能观察到二型菌丝组织的穿插共生现象。只有当金耳

1　卯晓岚．中国大型真菌 [M]. 郑州：河南科学技术出版社，2002.

型菌丝体占优势而革菌型菌丝体占劣势时，二型菌丝体的自然合理搭配才能形成品质优良的子实体。

目前，金耳的伴生菌有血痕韧革菌（Stereumsanguinolentum）、毛韧革菌（S.hirsutum）、细绒韧革菌（S.pubescens）等，如血痕韧革菌与头状金耳伴生。

3. 子实体

子实体中型、脑状，高 10~17cm，宽 8~11cm，新鲜的耳片半透明、胶质、柔软、有弹性，外层呈金黄色或橙黄色，基部为褐黄色，内部肉质、近白色；金耳干片坚硬，浸水后复原成韧胶质。子实体成熟时，在耳瓣表面，尤其是耳瓣扭曲凹凸不平的沟穴部或裂缝处常见一层类似白霜状物，即耳片形成的大量担孢子。

（二）生长发育

1. 营养条件

金耳属于弱木腐性食用菌，生长过程中必须从基质中吸取碳源、氮素、无机盐、微量元素等营养物质，因该菌单一型纯菌丝体对粗纤维的分解能力很弱，只有伴生菌将难分解的营养物质分解转化后金耳才能吸收利用。金耳生长是以自身菌丝体为主、伴生菌为辅的混杂模式，若条件不适宜，伴生菌菌丝体生长过旺，金耳本身不能形成子实体，而产生大量伴生菌子实体。因此，金耳的生产（包括制种和栽培）中，培养料的选择要有利于金耳和伴生菌（如毛韧革菌型）的双重菌丝体和谐生长，才能实现金耳的有效人工栽培。

2. 环境条件

金耳属于一种中低温型食用菌，孢子萌发、菌丝生长和子实体发育的适宜温度分别是 20~25℃、22~25℃、12~20℃。温度高于 25℃时，毛韧革菌旺盛生长而不利于金耳菌丝正常生长。温度低于 10℃时，子实体生长发育缓慢但抗逆性强，高于 25℃时，子实体容易自溶感染杂菌。

（1）菌丝体阶段

瓶栽或袋栽时培养料的含水量为 60%~63%，段木含水量为 45%~65%，空气相对湿度 65%~70%，对氧气不敏感，不需要光线，以 pH 值为宜。

（2）子实体阶段

除 pH 值、培养料及段木含水量与菌丝体阶段一致外，充足的氧气有利于原基形成和子实体膨大，空气相对湿度 70%~75%，转色阶段空气相对湿度 85%~90%，需要足够的散射光，光照不足时子实体不是金黄色而是橘黄色、橙红色或淡黄色。

（三）金耳的袋料栽培技术

1. 菌种的分离与选择

金耳栽培最为关键的是菌种，有效的金耳菌种包含金耳本身和伴生菌。菌种分离时应随机选择野生或段木栽培、呈团块状、尚未开瓣的优良金耳子实体，取内部白色组织1~3块接种于PDA另加3%麦粒煎汁培养基试管斜面。在适宜的温度下培养一段时间，如果在组织块周围形成白色的菌丝体且有新的子实体形成，则获得有效菌种；若在耳块周围形成淡黄至黄褐或棕黄褐色菌丝，说明毛韧革菌菌丝体占优势，是无效菌种。购买的母种接种于新的培养基上培养，用同样的方法判断菌种的有效性。

2. 培养基的制备

（1）母种常用配方

①马铃薯200g，葡萄糖（或蔗糖）20g，琼脂15~20g，水1L。

②马铃薯200g，麦粒30~80g，葡萄糖（或蔗糖）20g，琼脂15~20g，水1L。

③马铃薯200g，葡萄糖（或蔗糖）20g，琼脂15~20g，黄豆粉（玉米粉或麸皮）10~20g，水1L。

注意：去皮马铃薯、麦粒、黄豆粉（玉米粉或麸皮）均煮30min，取汁液。

（2）原种或栽培种常用配方

①麻栎（黄毛青冈或黄刺栎）木屑78%、麸皮20%、白糖0.5%、尿素0.5%、石膏粉0.5%、磷酸二氢钾0.3%、硫酸镁0.2%。

②水冬瓜木屑78.49%、麸皮20%、白糖1%、碳酸钙0.5%、医用硫胺素0.01%。

③杂木屑50.3%、棉籽壳28%、麸皮20%、白糖1%、磷酸二氢钾0.5%、硫酸镁0.2%。

（3）生产常用配方

①阔叶木屑78.5%、米糠20%、白糖1%、石膏粉0.5%。

②棉籽壳78.5%、阔叶木屑10%、米糠10%、白糖1%、石膏粉0.5%。

③棉籽壳50%、农副产品下脚料25%、麸皮20%、磷肥2%、石膏粉1.5%、黄豆粉1.5%。

（4）制作过程

上述培养基的制作过程采用常规生产方式，灭菌后pH值以6为宜，理论上含水量为60%~63%，但根据情况可适当增减。

3. 接种及发菌管理

选择有效的金耳栽培种（表面有子实体，培养基内菌丝稀疏），将子实体捣碎与下部的菌种混合均匀，保证每一个接种袋或孔都有子实体。

发菌期间，空气相对湿度65%~70%，温度18~20℃，温度过低，不利于出耳，温度过高（25℃以上）毛韧革菌菌丝体生长迅速，伴生平衡关系容易被打破，已经形成的金耳原基也会长出绒毛状的毛韧革菌菌丝，金耳子实体发育受阻。发菌过程中应经常通风换气，保持黑暗，及时检查菌丝生长情况。正常生长的金耳菌袋是金耳菌丝生长旺盛，子实体慢慢形成，而毛韧革菌菌丝虽布满全袋但纤细，若栽培料中菌丝体浓密、呈橙红色或橙黄色并分泌黄色液体，说明金耳菌丝体生长异常，处于劣势，金耳子实体不易或不会形成，易形成浅盘状革菌子实体。

4. 出耳管理

将发菌合格的菌袋移入已消毒的出菇室，揭开包扎物或套环，保持温度 12~20℃，每天 5~10℃的温差，空气相对湿度 70%~75%，加强通风换气，保持 100~800lx 的散射光。7~10d 后菌袋培养基上方将出现胶质金耳原基，此时在其他条件不变的前提下，保持空气相对湿度 85%~90%，经子实层发育、表面转色，可发育成较大的金黄色或橙黄色的脑状子实体。

5. 采收

当耳片为橙黄色或金黄色、呈脑状、充分展开、触动富有弹性时进行采收，采收不及时的子实体晒干后表面脑状皱纹不明显，颜色咖啡色或黑褐色。采收时，轻轻拔起整个子实体，用小刀削去金耳子实体基部残留的培养料即可。采收后，晒干或烤干，金耳可保持原有形状和色泽[1]。

（四）金耳的段木栽培技术

1. 制备菌种

段木栽培菌种的制备与袋料栽培相同。

2. 选择种植季节

根据金耳菌丝体生长与子实体发育对温度的要求，选择接种和出菇时间。

3. 设置菇场

金耳段木栽培菇场以交通便利、地势平坦、空气清新、避风向阳、进水排水方便，海拔 2200~2600m，地处缓坡或沟谷的混交林林地为宜。菇场要求树林郁闭度和疏密度 0.3~0.6、温度 17~26℃、空气相对湿度 68%~96%、光照强度 860~2466lx。菇场设置结束，及时清除杂草、枯枝烂叶及腐朽物，并针对菇场进行消毒与杀虫处理。

4. 准备段木

（1）耳树种类的选择

根据本地树种资源情况，选择生长于土层肥沃、树龄在 16~30 年、直径为 8~16cm 的向阳阔叶树。适合金耳段木栽培的树种有青冈、麻栎、板栗、高山栎、黄毛青冈、多穗

1　刘正南 . 郑淑芳 . 金耳人工栽培技术 [M]. 北京：化学工业出版社，2007.

石栎等。

（2）耳树的砍伐、预处理及架晒

金耳耳树的砍伐、预处理及架晒与黑木耳相同。

5. 接种

当地平均气温稳定在 10~13℃时接种，可有效减少杂菌污染；若温度超过 20℃，接种后杂菌的污染概率增加，尤其林中野生的腐生菌大量出菇时，金耳被污染的概率更大。接种方法与黑木耳段木栽培相似，但接种密度大，以行距 3~4cm、穴距 7~8cm、穴深 1.5cm 为宜。

6. 管理

（1）发菌管理

接种后的段木堆成“井”字形（垛高 1.5m 左右），垛间留适当的空隙，用宽塑料薄膜覆盖，然后加盖遮阳网或用草席、麦秸、稻草等覆盖物遮阳。发菌前期不浇水或少浇水，15d 后揭开薄膜检查接菌与发菌情况，若截头两端有微细的干裂纹，立即翻堆并浇水 1 次；结合翻堆来检查污染，随机挑开数个接种穴，若盖子与洞穴的接口处以及穴内四周有金耳混杂型的白色菌丝蔓延，则定植成活且生长正常；相反，则应及时补种。以后每隔 10~15d 进行 1 次翻堆，根据段木的干湿情况决定是否需要浇水。翻堆 2~3 次后，可揭膜通风晾棒 10d 左右，促进金耳菌丝体健壮生长，抑制杂菌的滋生繁殖。翻堆 6~8 次后，段木上可见橙黄色金耳出现，有 2% 左右段木出耳时即可进行排场出耳管理。

（2）排场及出耳管理

排场与黑木耳相同。出菇管理前期，喷水量应伴随出耳量的增多逐渐适当加大，保持空气相对湿度 75%~90%，形成稍干稍湿、干干湿湿的小气候环境。出耳期若遇高温、气候干燥，应在早、中、晚各喷 1 次重水，保持段木和金耳子实体湿润。

随着子实体的长大，应逐渐加大喷水量，但采收前 1d 停止喷水；采耳后，为保证耳基部伤口愈合再出新耳，停止喷水 2d。

7. 采收

段木栽培金耳子实体的采收与袋料栽培相同。

四、竹荪栽培

竹荪 [拉丁名 Dictyophora indusiata (Vent.)Desv.] 又名称竹参、竹笙、竹菇娘、面纱菌、仙人笠、网纱菇等，英文名 NetStinkhorn，隶属于真菌界 (Eumycetes) 担子菌亚门 (Basidiomycotina) 腹菌纲 (Gasteromycetes) 鬼笔目 (Phallales) 鬼笔科 (Phallaceae) 竹荪属 (Dictyophora)。

竹荪子实体香甜味浓、酥脆适口，富含蛋白质、碳水化合物、氨基酸等营养物质，尤其是谷氨酸含量较高，具有补益、抗过敏、治疗痢疾、降低高血压、降低胆固醇含量和腹壁脂肪积累等功效，被誉为“林中君主”“真菌皇后”“真菌之花”等。常见并可供食用的有4种：长裙竹荪、短裙竹荪、棘托竹荪和红托竹荪，本书主要讲长裙竹荪和红托竹荪的栽培技术。

（一）长裙竹荪与红托竹荪的形态及生活史

1. 孢子

长裙竹荪与红托竹荪的性遗传模式均未见报道，担孢子均无色透明，但前者呈椭圆形，后者呈孢子卵形至长卵形。

2. 菌丝体

竹荪的双核菌丝体粗壮、有分隔及锁状联合结构。菌落初期白色，经长时间培养后，因菌丝老化、光刺激、高温等变为粉红色、淡蓝紫色或黄褐色，也有个别种例外。结实性菌丝体生理成熟后进一步发育成组织化的线状和索状菌丝束即三生菌丝，条件适宜时菌索逐渐膨大成白色小球即原基或竹荪球，待其长到鸡蛋至鸭蛋大小，中心为白色的竹荪球露出基质，见光后产生粉红色、污白色、红色等不同颜色色素，最终发育成被暗绿色的子实层所包围的子实体。

3. 子实体

（1）长裙竹荪

子实体（图3-2）散生或群生，高10~26cm，菌盖钟形，略带土黄色，顶端平，有穿孔，有明显网格，有微臭而暗绿色的孢子液，高和宽均为3~5cm；菌肉组织白色；菌托灰白色，直径3~3.5cm；菌柄壁海绵质、白色、中空，基部直径2~3cm且向上渐细；菌裙白色，由管状组织组成，长度从菌盖下垂达10~15cm，具多角形网眼，直径为0.5~1cm。

图3-2 长裙竹荪的子实体

图3-3 红托竹荪的子实体

（2）红托竹荪

子实体（图 3-3）散生或群生，高 20~33cm，菌盖钟形或钝圆锥形，顶端平，有穿孔，有显著网格，具微臭的暗褐色至青褐色的孢子液，高 5~6cm，宽 3.5~5cm；菌肉组织白色；菌托红色、球形、膜质；菌柄壁海绵质、白色、中空、圆柱形，长度 11~22cm，直径 3~5cm；菌裙白色、钟形、质脆，长度从菌盖下垂达 7cm，网眼多角形或棱角圆形，直径 1~1.5cm。

上述两种竹荪的子实层均着生于菌盖表面，裸露于空气后迅速吸湿液化为黏稠物并产生担孢子，当其发出浓烈的气味，招引昆虫舔食将担孢子带走。

（二）生态习性

1. 长裙竹荪

长裙竹荪常见于夏季 4—6 月或秋季 9—11 月高湿热地区的平竹、楠竹、苦竹等各种竹林的落叶层，在腐木，橡胶林、青冈栎混交林地或热带地区的茅屋顶上也能生存，分布在我国湖南、湖北、浙江、广东、广西、贵州、福建、云南等地。

2. 红托竹荪

红托竹荪发生于秋季 9—12 月的慈竹、刚竹、金竹、阔叶树等林地，在活竹根及树根周围也会出现，其主要分布于云南、广西、浙江、贵州等地。

（三）生长发育

1. 营养条件

竹荪作为一种腐生型菌类，生长发育过程中所需营养来自树木或植株残片（阔叶树桩、根、茎、叶等）腐烂后形成的有机物质。同时，也能利用甘蔗渣、稻草、麦秆等富含纤维素的物质。生产实践中，以竹类、硬质阔叶树木为栽培基质能获得优质、高产、体大的子实体。培养料的含氮量以 0.5%~1% 为宜，可用蛋白胨或尿素补充。喷施 0.15% 亚油酸或 0.5% 葡萄糖可使菌蕾数增加及现蕾时间提早。适量添加磷酸二氢钾、硫酸镁、碳酸钙、维生素 B_1、维生素 B_6、烟酸、肌醇、植物激素等可促进菌丝生长。最适碳氮比为 30:1。

2. 环境条件

竹荪对温度的要求因品种不同而存在较大差异，长裙竹荪菌丝生长、子实体发育的适宜温度分别是 22~24℃和 22~25℃；红托竹荪菌丝生长、子实体发育适宜的温度分别是 21~23℃和 20~22℃。

（1）菌丝体阶段

培养料的含水量 55%~60%，空气相对湿度 70%~80%，需要氧气，不需要光线，强光下培养易导致菌丝体产生色素、老化、降低其生活力，以 pH 值 5~6 为宜，其中长裙竹荪与红托竹荪最适 pH 值分别为 5.2 和 5~5.2。

（2）子实体阶段

培养料的含水量 55% 左右，空气相对湿度的干湿处理，可加快竹荪原基形成，竹荪球分化和发育期为 80%，破球和出柄期为 85%，撒裙期为 94% 以上，需要充足的氧气，适当的散射光，100~300lx 可促进子实体形成，pH 值以 5~6 为宜。

（四）长裙竹荪栽培技术

1. 栽培季节的选择

结合长裙竹荪生物学特性与气候特征来决定最适栽培时期，一般情况下，平均气温在 12℃以上时进行播种，通常在 4—5 月中旬或 9—11 月中旬。

2. 菇场选择与准备

菇场应通风、氧气充足、阴凉湿润、交通方便、白蚁少、近水源、排水便利、土壤疏松、腐殖质含量高。若林下种植郁闭度应在 80% 以上，以林间空地顺坡开厢作床，长度不限，床宽 1m，在厢头和两边开好排水沟，用 1.5m 的篱笆将四周围好，床面要做成龟背形，已枯死的树桩、竹桩可留在床面，下料播种前在床面上先铺一层 5~7cm 厚的竹枝以增大菌床的通透性。平地大棚高 1.8~2m 的遮阳棚，棚内开箱作床，床面准备与林地菌床相同，棚顶用茅草覆盖，四周用杉木皮或茅棚围起，建造沟宽 0.5m、深 0.25~0.35m 的防洪排水沟。

3. 制种及生产常用配方

长裙竹荪母种、原种及栽培种培养基的制作、提纯及培养方式参考第二章第三节。

（1）母种常用配方

①马铃薯 200g，葡萄糖（或蔗糖）20g，琼脂 15~20g，水 1L。

②马铃薯 200g，琼脂 15~20g，葡萄糖（或蔗糖）10g，蛋白胨 10g，水 1L。

③竹屑 200g，蔗糖 20g，琼脂 15g，水 1L。

④麸皮 200g，琼脂 20g，蔗糖 5g，磷酸二氢钾 1g，硫酸镁 1g，水 1L。

⑤马铃薯 200g，葡萄糖（或蔗糖）20g，琼脂 15~20g，磷酸二氢钾 3g，硫酸镁 1.5g，维生素 $B_1$10mg，水 1L。

（2）原种常用配方

①甘蔗渣 80%、碎竹叶 18%、白糖 1%、石膏粉 1%。

②小麦粒 99%、石膏粉 1%。

③碎竹叶 30%、阔叶木屑 30%、麦粒 20%、粉碎黄豆秆 14%、黄豆粉 3%、白糖 1%、

过磷酸钙 1%、石膏粉 1%。

④竹屑 77%、阔叶木屑 21%、白糖 1%、石膏粉 1%。

（3）栽培种常用配方

①（2~3）cm × 1cm 的干小竹块 70%、阔叶木屑 15%、麸皮 13%、蔗糖 1%、石膏粉 1%。

②农作物秸秆 68%、木屑（刨花）29%、钙镁磷肥 1%、石膏粉 1%、蔗糖 1%。

③体积小于 $1cm^3$ 的干木块 55%、米糠 23%、木屑 20%、蔗糖 1%、石膏粉 1%。

（4）生产常用配方

①阔叶木屑 50%、竹屑 28%、麸皮 20%、蔗糖 1%、石膏粉 1%。

②竹屑 60%、阔叶木屑 20%、麦麸 18%、蔗糖 1%、石膏粉 1%。

③阔叶木屑 70%、麦麸 20%、竹屑 8%、蔗糖 1%、石膏粉 1%。

注意：培养料中小竹块先用清水浸透，再用 1% 蔗糖水煮 30min；干木块最好选用枫香或光皮桦树的柱形木块，处理方式如同小竹块。上述培养基灭菌后 pH 值以 5.2 为宜，理论上含水量 55%~60%，但根据情况可适当增减。

4. 培养料预处理

树枝或树根，先切成长 13~17cm 后砍成大小不等的碎块，晒干，下料前先用 1:1000 倍瑞枯霉药水浸泡 8~10h，沥干备用。废菇木先劈成小木条再砍成大小不等的碎块、晒干，其与制种废品做培养料，下料前均用 1:800 倍瑞枯霉或 3% 的多菌灵喷洒后，拌匀，用薄膜覆盖 7~10d 后待用。农作物秸秆压破后铡成 23~27cm 长的小段，晒干，按照上述栽培种配方，添加辅料后混合并加水拌匀（含水量 60%~65%），堆积发酵 3 次，每次待料温升至 55~56℃时翻堆，备用。竹根、竹枝、竹块、竹叶、竹篾碎料先切成 33cm 左右长，晒干，用 5% 石灰水浸透，捞起放入清水中洗掉石灰水，最后用泥土封住全部原料，就地堆埋腐熟备用。

5. 播种、发菌及覆土

长裙竹荪的播种时间确定后，在床面上先撒施 15kg/ 亩的细黄土与 100~150g/ 亩的 3% 呋喃丹或 1~1.5kg/ 亩的甲敌粉拌匀后的混合物（防治白蚁），再覆盖一层竹枝后，铺上已处理的培养料，接着撒一层菌种。如此一层料一层菌种循环，共铺料和菌种 3 层（厚 16~20cm），然后在料面上盖一层竹叶或木屑，最后覆盖一层茅草（遮光、保温及保湿）。若气温低于 12℃，需要加盖薄膜来保温。发菌期调节料温至 18~25℃，空气相对湿度 60%~70%；若料温高于 25℃，空气相对湿度低于 60% 以下时要揭膜喷水，结合通风降温保湿。菌丝长满料面后揭去茅草和薄膜，覆盖一层厚 5cm 左右的细腐殖质土，喷细水使土壤含水量保持在 20%~25%，继续覆盖茅草保湿遮光（若秋播还要盖上薄膜保温）。此后每天中午揭膜通风1h左右，提高料温，切忌播种与覆土后人畜践踏料面。

6. 出菇管理

一般情况下，夏播2个月或秋播5个月后开始出菇。待小菌蕾露出土面，在该菌适宜的环境条件基础上，保持土壤含水量20%~25%；若菌床温湿度不稳定或荫棚漏太阳直射光，应及时加盖腐殖质土、竹叶或木屑物，保持荫棚漏100~300lx的散射光。

7. 采收及管理

子实体破蕾开裙一般在早晨5~6时开始至10时结束，待其开裙撒到菌柄1/2长且孢子液还没有自流时及时采收。采收时，先将暗绿色子实层用小刀轻轻切去2~3mm，剥离掉菌盖污绿色组织，再从菌托底部切断菌索，轻轻从菌床上取出菇体放进干净竹篮，整个采摘过程要保持菌体完整，切忌污染菌盖、菌柄及菌裙。第一茬菇采完，一方面，及时将新鲜子实体晒干或烘干；另一方面，减少菇床喷水量，使土壤含水量在20%左右。经7~10d后，第二茬菇的菌蕾长出，管理方法与第一茬相同。

（五）红托竹荪栽培技术

1. 栽培季节的选择

结合红托竹荪生物学特性与气候特征来决定最适栽培时期，一般情况下，栽培季节以2—5月或9—11月为宜，适宜的出菇温度在20~22℃。

2. 菇场选择及准备

菇场的选择及准备与长裙竹荪相似，但红托竹荪栽培地以海拔500~1000m的地区为宜，栽培场所搭盖近全荫蔽或全荫蔽高2m的遮阳棚。室内栽培常采用地下或搭架两种方式，栽培架以2~3层、层高0.6m、宽1.3m为宜。室外栽培选背阴、土壤肥沃、半沙质酸性或无沙质的田园地，覆土材料以腐殖土与沙质土壤混合物为宜。

3. 制种及生产常用配方

制种方式与长裙竹荪相同，要结合红托竹荪菌丝生长特性进行培养。

（1）母种常用配方。

①果糖25g，竹叶20g，葡萄糖5g，蛋白胨2.5g，硫酸锌2.5g，维生素$B_6$0.16g，吲哚乙酸1.6mg，水1L。

②竹荪栽培种200g，葡萄糖20g，琼脂15~20g，碳酸钙3g，磷酸二氢钾2g，硫酸镁0.5g，水1L。

③马铃薯200g，琼脂15~20g，葡萄糖（或蔗糖）10g，蛋白胨10g，水1L。

④马铃薯250g，鲜松针36g，葡萄糖（或蔗糖）25g，琼脂15~20g，蛋白胨5g，磷酸

二氢钾 3g，水 1L。

注意：竹叶、竹荪栽培种、鲜松针与马铃薯的处理相同，水煮 30min 后取汁液。

（2）原种常用配方。小麦粒 95.2%、碳酸钙 2.4%、葡萄糖 2.4%。

（3）栽培种常用配方。制作 1~2cm^3 的竹块若干，用 2% 白糖水溶液浸泡 24h，捞出预湿竹块并装入玻璃容器至距离瓶口 2cm 处，再加入 2% 的白糖水溶液至容器体积的 1/5 处，或各 1/5 体积的松针和腐殖土，或 1/3 体积的木屑与麦麸混合料。注意：加 2% 的白糖水溶液的原种不做水分的调节，其他培养料要调节含水量为 65% 左右，再用报纸或牛皮纸封口。

（4）生产常用配方

①阔叶木屑（或棉籽壳）76%、麸皮 20%、石灰粉 2%、白糖 1%、尿素 0.3%、磷酸二氢钾 0.3%、过磷酸钙 0.3%、硫酸镁 0.1%。

②阔叶木屑 60%、竹屑 20%、麸皮 18%、白糖 1%、石膏粉 1%。

③阔叶木屑 52.75%、麸皮 30%、竹屑 15%、白糖 1%、石膏粉 1%、磷酸二氢钾 0.2%、硫酸镁 0.05%。

注意：上述培养基灭菌后 pH 值以 5~5.2 为宜，理论上含水量 55%~60%，但根据情况可适当增减。

4. 培养料预处理

培养料预处理需要坚持粗细合理搭配原则。竹类材料宜选择经过半年左右自然发酵的竹鞭、竹根、竹枝、腐竹等做原料（竹丝和竹屑因保水性差不宜使用），比例应占整个培养料的 30% 以上，碱化处理前采用铁锤打裂，切成 10~30cm 小段，其中小口径竹切成 5cm 以下小段。木材类最好采用切片机加工成长 10~12cm 的规格。各类农作物秸秆、野草、谷壳等晒干后切成 5cm 左右的碎料，填充粗料间的孔隙。上述培养料加工完成后，晒干，播种前先用 5% 石灰澄清水碱化处理浸泡 6~7d（利于发菌和有机物的分解、吸收及利用），再经清水浸泡 2d 后将其清洗至 pH 值降为 6~6.5 后捞起备用。也可用发酵法，处理过程如同长裙竹荪。

5. 播种、覆土及发菌

培养料预处理结束，播种前，提前 10d 以上针对栽培场地与设施喷 1000 倍甲胺磷农药水溶液加 30% 甲醛进行灭虫灭菌，同时，提前 2~3d 在菇场建造高 0.5m、宽 1.3m 的畦床。与长裙竹荪相似，确定播种时间后，针对床面消毒，铺上一层竹枝，再铺上厚 4~6cm 的培养料，接着撒一层菌种，再铺厚 8~10cm 培养料，撒一层播种量为 3~4kg/m^2 的菌种（菌种要求播种过程中不碎并严格避光），继续铺厚 2~4cm 培养料，再铺厚 4~6cm 经灭虫灭菌处理的腐殖土，保持土质含水量20%左右即不干不湿，然后盖上厚2cm的微湿竹叶（茅草或松针叶），再盖膜保温保湿发菌。播种结束，调节培养料含水量55%~60%，空气相对湿度70%~80%，保持料温不要低于2℃或高于30℃。发菌7d后，每3d揭膜通风30min。发菌15d后开始喷水，继续保持空气相对湿度70%~80%。播种后大约50d，菌丝长出土面后要加大湿度，保持畦面遮盖物湿润。当菌丝长满整个畦面，立即拉大湿度差，降低畦面湿度（使菌丝缺水倒伏）。发菌70~80d后，菌丝布满整个料面，喷重水（以水不漏入培养料为准），保持表土湿润，晚上揭膜白天盖膜拉大温差10℃以上。

6. 出菇管理

出现原基后，管理方式与长裙竹荪相同，每天通风1~2h，切记温度不超过34℃。待菌蛋横端桃尖形凸起时要多喷水（水量以不漏料为准），保持空气相对湿度90%~95%[1]（图3–4）。

图3-4 红托竹荪的菌蛋

7. 采收及管理

子实体破蕾开裙一般在夜间9时开始至清晨3~4时结束，也有少量在白天开裙。采摘方法与长裙竹荪相同。第一茬菇采完后，及时补足培养料和土壤的水分，继续按照上述管理出菇。水分管理坚持多菇、高温干燥时多喷，少菇、低温及湿度大时少喷，雨天可不喷或少喷的原则。

1　宋秀红.食用菌栽培技术[M].石家庄：河北科学技术出版社，2016.

第五节 药用食用菌及其栽培技术

一、灵芝栽培技术

灵芝［拉丁名 Ganoderma Lucidum (Leyss.ex Fr.) Karst.］又名仙草、赤芝、红芝、青芝、丹芝、瑞草、灵芝草、木灵芝、菌灵芝、万年芝等，英文名 Lingzhi，隶属于真菌界 (Eumycetes) 担子菌门 (Basidiomycota) 层菌纲 (Hymenomycetes) 非褶菌目 (Aphyllophorales) 灵芝科 (Ganodermataceae) 灵芝属 (Ganoderma)。野生子实体主要分布于欧洲、北美洲以及我国云南、四川、广东、广西、河南、北京等地。

灵芝作为一种药食兼用菌，是医药宝库中的珍品，具有强精、镇痛、消炎、抗菌、解毒、免疫、净血、利尿等多种功效。子实体中除含有丰富的矿质元素、多糖、蛋白质等营养物质外，还存在多种生理活性物质，如有机锗含量是人参的 3~6 倍，是灵芝最有效成分之一，能使人体血液循环畅通、促进新陈代谢、延缓衰老等；灵芝多糖有 200 多种，有加速血液微循环、抗肿瘤、强化人体免疫系统、提高对疾病抵抗力等功效；灵芝酸含 100 多种，能降低胆固醇、甘油酯、载脂蛋白，有抑制血小板凝结、促进血液循环、增加新陈代谢等作用；氨基酸有 18 种，其中人体必需氨基酸相对含量比一般食用菌高 40%，是蛋白质合成的基本物质。同时，灵芝栽培简单，能广泛利用各类腐木、农作物秸秆、杂草等，具有重要的生态价值。

（一）形态及生活史

1. 孢子

灵芝的性遗传模式为四极异宗结合，担孢子顶端平截、双层壁（外壁无色，内壁有小刺、淡褐色）、卵形或卵圆形，单个担孢子萌发成单核菌丝，不同性别的单核菌丝结合之后形成双核菌丝。

2. 菌丝体

具有结实能力的双核菌丝在显微镜下有弯曲、分隔、分枝及锁状联合结构。肉眼观察，菌落白色，在 PDA 培养基上菌丝匍匐生长于基质表面，生长旺盛时其表面分泌出一层含有草酸钙的白色结晶物，老化后易形成菌膜，分泌黄色或黄褐色的色素。此结实性菌丝经生理成熟扭结成三生菌丝后，适宜的条件下逐渐形成原基，最终发育成灵芝子实体。

3. 子实体

子实体中等至较大（或更大），菌盖幼时肉质，逐渐发育成木栓质，肾形、半圆形或近圆形，表面红褐色或深褐色，具有油漆光泽、环状棱纹、辐射状皱纹，边缘薄且通常内卷，直径 4~20cm，厚度 0.8~2cm；菌肉白色至淡褐色；菌柄与菌盖同色或紫褐色，有光泽，侧生，极少数偏生或罕近中生，近圆柱状或稍侧扁，长 3~15cm，直径 1~3cm；菌管淡白色、淡褐色至褐色，长度约 1cm，菌管孔面白色至浅褐色、褐色，其上产生担孢子，成熟后弹射出来形成褐色或棕红色孢子印，孢子在适宜的条件下又开始新一轮的生活史。

（二）生长发育

1. 营养条件

灵芝属于木腐型菌类，整个生长发育阶段与其他食用菌一样，也要从基质中不断摄取碳源、氮源、无机盐等营养物质。实际生产中，该菌能利用多种碳氮源，培养料中加入适量的碳酸钙、硫酸镁、磷酸二氢钾等矿质元素，能起到增产的作用；同时，该菇因自身不能合成 B 族维生素，其种植过程中常添加维生素 B_1 和维生素 B_2。灵芝营养生长阶段的碳氮比（C/N）为（20~25）:1，生殖生长阶段为（35~40）：1。

2. 环境条件

灵芝是一种高温型恒温结实菌类，一般情况下，孢子萌发、菌丝生长、子实体分化、子实体发育适宜的温度分别是 24~26℃、25~30℃、24~28℃、26~28℃。温度低于 -13℃时菌丝体死亡，高于 40℃时停止生长；低于 18℃或高于 35℃时，子实体不能分化，高于 22℃才能分化出正常菌盖并形成子实层。

（1）菌丝体阶段

培养料的含水量 60%~65%（段木栽培中适宜含水量为 40% 左右），空气相对湿度 60% 左右，需要氧气，不需要光线，以 pH 值 5~6 为宜。

（2）子实体阶段

除培养料的含水量、pH 值与菌丝体阶段一致外，空气相对湿度 90% 左右，对氧气的要求增加，二氧化碳含量以 0.03% 为宜，当超过 0.1% 时菌柄呈鹿角状分枝，很难分化出菌盖，需要一定散射光（300~1000lx）。子实体具有很强的趋光性，若光照低于 100lx，则菌盖无法形成；若高于 5000lx，则呈短柄或无柄。

（三）栽培条件

1. 栽培种类

灵芝的栽培应因地制宜，根据当地气候特点及市场需求选用适宜的品种。近年来，该菇的主要栽培品种有云南 4 号、信州 2 号、G801、南韩灵芝、台芝 1 号、植保 6 号、慧州 1 号、圆芝 6 号、圆芝 8 号、RJ–4、晋灵 1 号、泰山赤芝、赤芝 109 号、日本 05 号、绿谷灵芝、日本 2 号等十多个品种。

2. 栽培季节的选择

结合灵芝生物学特性与当地的气候特征来决定最适栽培时期，一般在春夏秋 3 个季节分别接种、收获、完成，如北方的接种、出芝、生产结束的时间分别是 4—5 月、6—9 月、国庆节前；南方因气温回升较早，可根据当地气象资料适当提前安排。

3. 菇场选择与准备

菇场一般选择在交通方便、近水源、排水方便、空气新鲜的地段，灵芝菌丝生长阶段一般在发菌室、民房、库房、厂房或其他闲置房，生殖生长阶段在塑料大棚、塑料日光温室或智能温室大棚。

（四）制种

1. 母种常用配方

（1）马铃薯 200g，葡萄糖（或蔗糖）20g，琼脂 15~20g，水 1L。

（2）马铃薯 200g，葡萄糖（或蔗糖）20g，琼脂 15~20g，酵母粉 3g，蛋白胨 2g，磷酸二氢钾 1g，硫酸镁 0.6g，水 1L。

（3）马铃薯 200g，麸皮 50g，琼脂 15~20g，磷酸二氢钾 2g，硫酸镁 1g，酵母片或维生素 $B_1$2~3 片，水 1L。麸皮的处理方式如同马铃薯，水煮 30min，取汁液。

2. 原种常用配方

（1）小麦粒 94%、阔叶木屑 5%、石膏粉 1%。

（2）小麦粒 97.5%、碳酸钙 1.5%、石膏粉 1%。

3. 栽培种常用配方

（1）阔叶木屑 79%、米糠（麦麸）20%、石膏粉 1%。

（2）棉籽壳 80%、玉米面 5%、麸皮 14%、石膏粉 1%。

（3）玉米芯 70%、阔叶木屑 20%、麸皮（米糠）8%、石膏粉 1%、白糖 1%。

（4）甘蔗渣 76%、麦麸（米糠）22%、石膏粉 1%、过磷酸钙 1%。

（5）稻草 70%、麦麸 25%、石膏粉 2%、过磷酸钙 2%、蔗糖 1%。

4. 生产常用配方

（1）阔叶木屑 79%、麦麸 20%、豆饼粉 1%。

（2）棉籽壳 89%、麸皮（或米糠）10%、石膏粉 1%。

（3）玉米芯 80%、麸皮 19%、石膏粉 1%。

（4）杨树叶 75%、麦麸（或米糠）25%。

（5）玉米芯 40%、阔叶木屑 40%、麦麸（或米糠）19%、石膏粉 1%。

5. 制作过程

上述培养基的制作过程采用常规生产方式，灭菌后 pH 值以 5~6 为宜，理论上含水量 60%~65%，但根据情况可适当增减。

（五）接种及发菌管理

选择适于本地区栽培的优质灵芝菌种趁热接种（约 30℃），在该菌的最适菌丝生长条件下培养。发菌期间，菌丝体需要遮光培养，保持室温 25~30℃，空气相对湿度 60% 左右，结合喷水适量通风换气。2~3d，菌丝开始萌发，及时检查有无杂菌污染。6~10d 后，菌丝长满袋口，颜色雪白。经 18d 左右发菌培养后，适当松开袋口，让新鲜空气进入袋内，促进菌丝快速生长。待菌丝长满菌袋的 2/3，可增加培养室湿度至 65% 左右来促进原基的形成，约 30d 可长满菌袋。

（六）出菇管理

1. 覆土出菇

菌丝长满料袋，生理成熟后的袋内培养料表面有三生菌丝扭结成白色的原基时，立即脱袋覆土出菇。在大棚内建造深 15~20cm、宽 80~120cm、长度不限的畦床，畦内撒石灰粉，菌棒脱袋，去除老化菌膜，以袋与袋 5cm 的间隙竖直摆放（去除菌膜端朝上）。选择经消毒杀虫处理的田园沙质土与山基土按体积比 1:1 混合后的土壤覆土 1cm 厚即可。覆土结束，土面上铺一层细沙或珍珠岩，立即用 1% 的石灰水浇灌畦面至水分完全渗透土壤。

浇水结束，在畦面搭设遮阳网，控制棚温 24~28℃，土面湿润（土壤含水量 18%~20%），空气相对湿度为 90% 左右，结合喷水加强通风，给予高于 500lx 的散射光促使原基形成。芝蕾出现后，用消毒剪刀疏蕾，每个菌棒保留 1~2 个，增加光照强度（300~1000lx），保持空气新鲜；每天控制棚温 26~28℃，昼夜温差应小于 2℃，防止因温度超过 30℃后子实体发育过快，形成柄长盖薄菇；保持土面湿润，提高空气相对湿度至 90%~95%，防止因空气相对湿度过低无法形成菌盖；及时套袋促进菌盖形成，切忌全封闭套袋，应在塑料透光袋顶扎小孔进行通气，禁止袋的内壁与菇体相接触。

待灵芝菌盖最后一圈黄色嫩边即将消失时，停止喷水，密闭棚膜使棚内缺氧7~10d，促进菌盖增厚来提高产品质量。

2. 凸畦面荫棚出菇

待菌丝长满料袋并生理成熟，当地平均气温达到22℃以上，及时解开袋口或用消毒小刀在袋上划破一小口，增强袋内通气与光照，在人工搭建的塑料荫棚内促进子实体形成，畦面消毒、水分、温度、光照等如同上述覆土出菇。

（七）采收及管理

1. 子实体

当灵芝菌盖边缘颜色逐渐加深，边缘与中间颜色一致时，选择菌盖呈肾形或扇形，无虫蛀、无霉变、无破损，表面有一层孢子粉，直径5cm左右，菌柄长度小于2cm，盖面含水量低于13%的子实体进行采收。采收时，手捏菌柄，不得触及上下面（以保持芝体的自然状态），用已消毒的利刃割留菌柄1cm左右即可；若将芝体带柄直接掰下，将延迟下茬幼芝的发生。采收结束，停止喷水3~5d，促进新菌丝的生长发育和积累。经1~2d，残留菌柄伤口愈合，5~7d后将在伤口愈合处形成下茬幼芝，管理方式与第一茬相同，菌袋露地栽培一般可出芝2茬。

2. 孢子粉

随着子实体的菌盖不断扩大，幼芝逐渐成熟并形成菌管，担孢子开始发育。待菌盖表面有少量的孢子粉或子实体采收后收集孢子，采收时间以上午10点至下午3点为最佳。收集孢子方法较多，如套纸袋法、吸尘器法、塑料薄膜法等。套纸袋法应选择成熟子实体先套袋，然后提高空气相对湿度至85%~90%，保持温度24℃左右，适当给予散射光和通风来提高孢子弹射量。吸尘器法一般将吸尘器在菌盖上方10~20cm处打开，每天早、晚两次进行收集，切忌孢子粉收集前喷水。塑料薄膜法是直接将宽1.2~1.5m、长3~5m的塑料薄膜沿畦床方向顺放，并将塑料薄膜四角及两边吊起，薄膜间留1~1.5m的间隙方便操作或喷水，最后用干净毛刷将薄膜内孢子粉收集起来。子实体采收后，将菌盖表面的孢子直接用干净毛刷刷下来即可。孢子收集结束，将袋内、纸筒或薄膜上的孢子粉置避风向阳处晒干或低温烘干，经孔径0.17mm的筛子过筛后用聚乙烯袋密封保存。

二、茯苓栽培技术

茯苓［拉丁名 Wolfporia cocos (Schw.) Ryv. et Gilbn.］，学名异名［Poria cocos (Schw.)

Wolf]又名云苓、松苓、茯灵、玉灵、茯兔、更生、金翁、松腴、松柏芋、松茯苓、不死面、万灵精等，英文名tuckahoe，隶属于真菌界(Eumycetes)担子菌门(Basidiomycota)层菌纲(Hymenomycetes)非褶菌目(Aphyllophorales)多孔菌科(Polyporaceae)茯苓属(Wolfporia)。野生茯苓主产于我国南方各地，如云南、贵州、四川、安徽、福建、河南、广东等地，在朝鲜、美国、印度、日本等国也有分布。

茯苓是一种药食兼用菌，以菌核入药，被用来制成"茯苓糕""茯苓茶""茯苓粥""茯苓饼""茯苓夹饼""茯苓挂面""茯苓饼干""茯苓馅饼"等营养兼食疗食品，具有止咳、利尿、渗湿、镇定、安神、补脾、降血糖等多种功效，对胃癌、膀胱癌、乳腺癌、慢性肝炎等疾病有一定的疗效。

（一）形态及生活史

1. 孢子

茯苓的性遗传模式是二极异宗结合，担孢子呈椭圆形、无间隔、有时略弯曲，其形成双核菌丝的过程如同黑木耳，但也有少数研究结果认为是同宗结合类型，因此，其交配型尚无定论。

2. 菌丝体及菌核

具有结实能力的双核菌丝在显微镜下分枝、多核、具明显横隔膜。肉眼观察，菌落白色、绒毛状，在平板培养基上早期常见紧贴基质表面、放射状、多个同心环纹菌落，生长后期，随着气生菌丝的增加，环纹逐渐消失。在适宜的条件下，此结实性菌丝经生理成熟扭结成菌核后最终发育成茯苓子实体。

茯苓菌核是在环境条件不良或繁殖时由具有结实能力的茯苓双核菌丝扭结而成的三生菌丝组织体，也是其休眠器官，常生于地下松树根部，呈球形、椭圆形、卵圆形或不规则形，重量不等，直径20~50cm。干制后坚硬，外皮深褐色、灰棕色或黑褐色，薄而粗糙，瘤状皱缩，内部粉粒状，呈白色或淡粉红色。此菌核除具有重要的药用价值外，还有贮藏营养物质，具有较强的抵抗高温、低温、干燥等环境的能力。

3. 子实体

子实体生于菌核或菌丝体表面，白色至淡黄白色、巨大、无柄、平伏、蜂窝状、大小不等，高3~8cm，厚0.3~1cm；菌肉组织致密、坚硬、洁白、光润、密度大；菌管长2~3mm，壁薄，管孔直径0.5~2mm，管口呈多角形或不规则形，老时呈齿状，内壁表面发育成子实层，其上逐渐形成担子、担子梗及担孢子，担孢子成熟后弹射出来，形成灰白色孢子印，孢子在适宜的条件下又开始新一轮的生活史。

（二）生长发育

1. 营养条件

茯苓是一种腐生、好气性菌类，但也有人认为该菌具备一定的弱寄生能力，适应能力强，其菌核常见于干燥、向阳、坡度10°~35°、海拔600~900m、微酸性沙壤土、松科植物根部深为50~80cm的土层，或人工栽培于上述植物的段木或树桩上，如赤松、马尾松、黄山松、云南松等。

茯苓如同其他食用菌一样也要从基质中吸收各种养分，若培养基加入适量蛋白胨、磷酸二氢钾、硫酸镁等无机盐会促进其菌丝的生长。实际生产中，木材被该菌降解后，纤维素和半纤维素的数量不断减少而木质素残留，导致木材抗张强度极度减弱，质地松软并呈褐色即褐腐。

2. 环境条件

茯苓是一种好气性的腐生大型真菌，窖栽培时，覆土过厚或菌瓶密闭不能形成子实体，菌丝生长、菌核发育、子实体发育适宜的温度分别是25~32℃、28~30℃、24~26℃。当环境温度高于35℃时，菌丝体易衰老，低于20℃时生长缓慢，0~4℃时几乎停止生长；温度低于20℃时子实体生长受限；菌核耐高、低温，变温有利于其形成。土壤以pH值4~5.5、含水量10%~20%（段木栽培含水量35%~40%）、含沙量70%左右（通气性好）为宜。空气相对湿度低于70%子实体很难形成，达70%~85%时孢子大量散发。直射光对茯苓孢子萌发和菌丝生长具有一定的抑制作用，子实体形成阶段需要适量的散射光。

（三）栽培季节的选择

结合茯苓生物学特性与当地的气候特征来决定栽培时期，通常春秋两季栽培，生长期均为6个月左右。春栽接菌、采收时间分别为4月下旬至5月中旬、10月下旬至11月下旬；秋栽接菌、采收时间分别为8月末至9月初、翌年4月末至5月下旬。

（四）菌种的制备

1. 分离材料

选择无病虫害，高产稳产，近球形、外皮较薄、淡棕色或黄棕色、有明显裂纹，苓肉白色、浆汁多、气味浓，个体较大，重2.5kg以上的新鲜茯苓菌核作为母种分离材料。

2. 制种培养基

（1）母种

①马铃薯200g，葡萄糖（或蔗糖）20g，琼脂15~20g，水1L。

②马铃薯 200g，葡萄糖（或蔗糖）20g，琼脂 15~20g，磷酸二氢钾 1g，硫酸镁 0.5g，水 1L。

（2）原种

小麦粒 90%、松木屑 10%。

制作过程：此配方小麦处理方式与前面有所不同，将其精选、去杂、洗净后，置于 40℃左右的营养液（1% 蔗糖，0.5% 硝酸铵或硫酸铵）中浸泡 10h、沥干，先与 5% 松木屑混匀、装瓶（500mL）、压实至瓶肩处，再将剩余木屑用营养液润湿后覆盖于瓶内培养基料表面（厚约 0.5cm），加入接种棒后封口。

（3）栽培种

①松木屑 20%、松木块 56%、米糠（或麦麸）20%、白糖 3%、石膏粉 1%。先将长 × 宽 × 厚为 1.2cm × 0.2cm × 1.0cm 的松木块置糖水中煮沸 0.5h，使其充分吸收糖液后捞出，再将松木屑、麸皮、石膏粉混合物加入糖液中，搅拌均匀（含水量在 60% 左右），最后拌入木块、装瓶后处理方式与上述原种相同。

②松木屑 78%、米糠（或麦麸）20%、蔗糖 1%、熟石膏粉 1%，含水量为 65%~67%。

3. 制种及优质菌种

上述培养基 pH 值自然或调为 6，采用食用菌常规制种方式，母种、原种及栽培种培养基的制作、培养参考第二章第三节。

优质的茯苓菌种其菌龄应在 30~45d，菌丝体布满菌袋、洁白致密、生长均匀、香味浓郁、无杂菌污染及尖端可见乳白色露滴状分泌物。

（五）备料准备及菇场的选择

1. 备料准备

（1）段木

选择马尾松、华山松、湿地松、黄山松、巴山松等松树，在初冬树木休眠期砍伐后，立即去除树杈，再从基部至树梢，沿树干周围每隔 3~4cm 削去宽 3~4cm 的树皮，原地干燥约 15d，将其锯成长约 80cm 的小木段，在向阳处叠成“井”字形，当敲打时发出清脆响声，两端无松脂分泌时（含水量约 20%）备用。

（2）树墩

选择上述砍伐后直径 12cm 以上的树桩作为树墩，清除周围杂草，沿树墩周围深挖 40~50cm，使树墩和根部暴露于土外，然后与上述段木处理方式相同，沿其周围每隔适宜的距离削去树皮，留下4~6条宽3~6cm的树皮，充分暴晒至干透后，用草将树墩盖好备用。

2. 菇场选择

菇场一般选择在海拔600~900m、背风向阳（切忌朝北方向）、土质偏沙（70%的含沙量）、微酸性（pH值4~6）、至少3年内未栽种过作物的生荒地。选址结束，苓场深翻（不浅于50cm）处理后，打碎场内泥沙土块，清除杂草、树根、石块等杂物，曝晒场地至干燥。顺坡向挖窖，窖间距20~30cm，窖深30cm左右，宽30~50cm，长度根据木段而定，最后在场地沿山坡两侧开沟以利排水。

（六）接种

实际生产中，挖窖与下窖接种以同时操作为宜，一般在春分至清明前后进行。选择连续晴天、土壤微湿润时下窖接种。一般每10kg的段木接种400g/袋左右的栽培菌种1袋；直径20cm的树墩接种同样规格的栽培菌种2~3袋，若是直径较粗、侧根较多、质地坚硬的树蔸，其接种量应相对增加。

1. 段木接种

挖松窖底土壤，取上述干透心的段木，按大小搭配下窖（小料用细料垫起至与大料相同的高度），每窖2~3段，共2层，两节段木留皮处紧靠，然后在段木顶端（靠茯苓栽培场高坡端）用利刃削成长 × 宽为15cm×10cm的孔口，用消过毒的镊子取优质茯苓菌种，按照下列方法之一接种于孔口处后加盖松木片或松针（图3–5），最后覆沙土10~15cm厚使整个窖面成龟背形、封窖[1]。

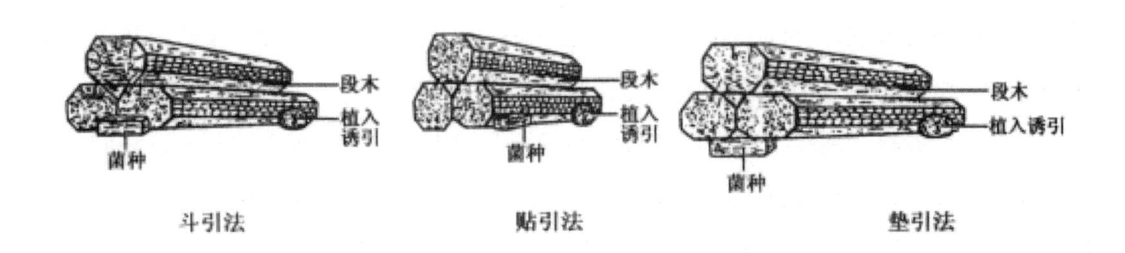

图3-5 茯苓段木栽培接种法

2. 树墩接种

在已处理的树墩上削2~3个孔口，接菌并盖上松片或松针，再覆一层高出树墩

1 吕作舟.食用菌栽培学[M].北京：高等教育出版社，2006.

15~18cm 的沙土即可。

（七）苓场管理

接菌结束，结合茯苓对环境的要求进行管理，若遇连续雨天则在窖顶覆盖薄膜或树皮防涝，若遇连续干旱则培土保墒，严重时早晚灌水抗旱。经 7~10d 的苓场管理，便长出白色的菌丝体，及时检查菌丝生长情况。若发现菌种不长或污染杂菌，应扒开盖土，露出段木或树墩，去除不长或污染杂菌部分再补种、覆土；若发现土壤湿度过大，应将窖内土壤扒开，晒去水分再重新接种。接种后 20d 左右，茯苓菌丝体已生长接近至培养料（段木或树墩）末端，选择前季栽培同一品系的幼嫩、无病虫害、颜色淡棕、裂纹明显、外皮完整且薄、肉质白色、有较多浆汁渗出及气味浓郁的新鲜菌核作为诱引。植入时，轻轻扒开窖内培养料接种菌种另一端的一侧沙土，将诱引剥去外皮，分掰成 50~100g 重的若干小块，以每窖接种诱引 50~100g 的量，将其用上述贴引法紧紧接在培养料上，再用沙土填充，封实。40~50d，茯苓菌丝从接种处沿着段木传菌线（即削皮部分与未削皮部分的交接处）生长至段木下端长满后返回继续向上端生长。70d 左右，在覆土龟背面上逐渐出现龟裂纹，表示窖内茯苓菌核已形成并不断生长，随着菌核不断增大或因大雨冲刷使其露出土面，应及时用细土覆盖，拔除杂草，防止人畜踏踩。

（八）采收及后期管理

茯苓接种后，历经 6~10 个月的苓场管理，当表土不再出现新龟裂，段木或树墩由淡黄色变为黄褐色（呈腐朽状），菌核颜色由淡棕色变为褐色、不再出现新的白色裂纹时标志着菌核已成熟，立即采收，不宜拖延。采收时从下坡向上坡逐窖采收，从距苓窖 50cm 处将土刨开，再渐次深挖，防止挖破挖漏，保持苓块完整。采收结束，一方面，弃除已腐烂的培养料，继续添加新培养料使小菌核继续生长，其管理方法与上述相同；另一方面，刷去新鲜茯苓菌核上的泥沙，移入室内，分层堆放，并在底层与面上各加一层稻草使其发汗，2~3d 翻动 1 次，待苓皮起皱时，可根据用途进行加工，如茯苓块。

三、蛹虫草栽培技术

蛹虫草［拉丁名 Cordyceps militarist（L.ex Fr. ）Link］又名蛹草、北虫草、北冬虫夏草等，隶属于真菌界（Eumycetes）子囊菌门（Ascomycota）核菌纲（Pyrenomycetes）麦角菌目（Clavicipitales）麦角菌科（Clavicipitaceae）虫草属（Cordyceps）。蛹虫草是一种药食兼用菌，子实体含有蛋白质、人体必需氨基酸、维生素（维生素 B_6 含量最高，具有抑菌、镇静、催眠、抗炎、抗疲劳、抗氧化等功能，并对肺虚、咳嗽、哮喘、支气管炎等疾病有一定的疗效）。同时，蛹虫草能够利用大米、小麦、玉米等物质进行人工栽培，大幅度提升了农作物的商品价值，又增加了菇农的收入。

（一）形态及生活史

1. 孢子

蛹虫草的性遗传模式为二极异宗结合，子囊孢子无色、透明、多隔、线形，单个子囊孢子在适宜的虫（蛹）体或人工培养基上萌发成单核菌丝，两种不同交配型的单核菌丝结合之后形成双核菌丝。

2. 菌丝体

显微镜下，蛹虫草菌丝体有隔、粗细均匀（老龄菌丝内会形成空泡），顶端可形成单生或有分枝的分生孢子梗，其上成串地着生无色、卵圆形、圆形或圆柱形的分生孢子，该孢子又可传到其他虫体形成菌丝后反复侵染。肉眼观察，在 PDA 培养基上，菌落白色至淡黄色或橘黄色，呈圆形或椭圆形，边缘整齐，表面蓬松、凸起呈棉絮状的半球形、气生菌丝发达；查氏培养基上，25℃下培养 14d，菌落直径可达 45.1~50.0mm，正面白色至浅黄色，絮状隆起且高约 2.6mm，背面呈金黄色，边缘色泽稍浅。

菌丝体在虫（蛹）体或人工培养基上，通过分解各种组织、器官、各类营养物质为其生长发育提供物质和能量，条件不良（营养缺乏、水分减少、代谢产物过多等）时，其顶端的分生孢子梗不再产生分生孢子，菌丝体由营养生长转为生殖生长，形成的双核菌丝在适宜的条件下逐渐扭结，逐渐分化成菌核，并从虫体的头部、胸部、近尾部等处穿出体外，或在培养基表面最终形成子实体（子座），俗称“草”的部分。

3. 子实体

子座（子实体）单生或丛生，橘黄色或橘红色，扁形或圆柱形，多有纵沟，多不分枝，全长 2~8cm。其中头部略膨大，呈棒状、椭圆形、表面粗糙，长度 1~2cm，直径 0.2~0.9cm；柄部浅黄色、近圆柱形、内实，长度 1.5~4.0cm，直径 0.1~0.4cm。子囊壳外露，近圆锥形且下部垂直埋生于头部外层，子囊上产生子囊孢子，其成熟时产生横隔，并断成长 2~3μm 小段，在适宜的条件下又开始新一轮的生活史。

（二）生长发育

1. 营养条件

蛹虫草属于兼性腐生菌类，整个生长发育阶段也要从基质中不断摄取不同营养物质，以有机氮（氨基酸、蛋白胨、蚕蛹粉等）和无机氮（硝酸钠、氯化铵等）为氮源，可利用葡萄糖、蔗糖、红糖、麦芽糖、果胶、淀粉等碳源，硫酸镁、碳酸钙、磷酸二氢钾、石膏等矿质元素，以及氨基酸、维生素、赤霉素、生长素等生长因子。实际生产中，蛹虫草自身不能合成B族维生素，培养基质中常添加维生素 B_1 和维生素 B_2，其营养生长阶段的碳氮比（C/N）为（4~6）:1，生殖生长阶段为（10~15）:1。

2. 环境条件

蛹虫草是一种中温型变温结实菌类，一般情况下，孢子释放、菌丝生长、菌核形成、子实体分化及生长适宜温度分别是28~32℃、18~25℃、10~20℃、15~25℃。温度低于5℃时，菌丝体生长缓慢，高于30℃时生长受到抑制；原基分化时需5~10℃的温差刺激。

（1）菌丝体阶段

培养料的含水量60%左右，空气相对湿度60%~65%，需要氧气，不需要光线，以pH值5.2~6.8为宜。

（2）子实体阶段

除培养料pH值与菌丝体阶段一致外，培养料的含水量65%~70%，空气相对湿度85%~90%，对氧气的要求增加，需要一定散射光，有一定的趋光性，适宜的光照强度为200~500lx。

（三）栽培条件

1. 栽培季节及栽培品种

结合蛹虫草生物学特性与当地的气候特征来决定其栽培时期，一般在春季（3—5月）与秋季（8—10月）两季栽培，若人为控制条件则不受季节的限制。目前，在我国生产上常见的蛹虫草栽培品种有农大cm-001、cm-0298、HJ-2、川1、川2、东方9号等。

2. 菇场选择与准备

选择近水源、排水及交通方便、空气新鲜的地段，在室内进行人工培养基栽培蛹虫草的出菇管理，并根据自身条件制作适宜的出菇架。

（三）菌种及人工培养基制备

1. 菌种制备

采用食用菌常规液体菌种生产方式，蛹虫草母种培养基的制作、提纯及培养方式参考第二章第三节。

（1）母种斜面培养基常用配方

①马铃薯200g，葡萄糖（或蔗糖）20g，琼脂15~20g，蛋白胨10g，蚕蛹粉5g，水1L。

②马铃薯 200g，葡萄糖（或蔗糖）20g，麸皮 20g，琼脂 15~20g，黄豆粉 5g，玉米面 5g，硫酸镁 2g，磷酸二氢钾 2g，维生素 $B_1$1 片（10mg），水 1L。麸皮的处理方式与马铃薯相同，水煮 30min，取汁液。

③米汤浸提液 200g，葡萄糖 20g，琼脂 15~20g，蛋白胨 10g，蚕蛹粉 5g，水 1L。

（2）摇床培养、一级及二级种子液体培养基常用配方

①玉米粉（或淀粉）20g，蔗糖 20g，蛋白胨 10g，酵母粉 5g，磷酸二氢钾 1g，硫酸镁 0.5g，水 1L。玉米粉（或淀粉）水煮 30min，过滤取汁。

②可溶性淀粉 30g，葡萄糖 20g，酵母粉 5g，蛋白胨 5g，硫酸镁 2g，磷酸二氢钾 2g，维生素 $B_1$1 片（10mg），水 1L。

③马铃薯 200g，玉米粉 30g，葡萄糖 20g，蛋白胨 3g，磷酸二氢钾 1.5g，硫酸镁 0.5g，水 1L。

2. 人工栽培培养基常用配方

（1）大米粒 68.49%、蚕蛹粉 25%、蔗糖 4.8%、蛋白胨 1.5%、磷酸二氢钾 0.15%、硫酸镁 0.05%. 维生素 $B_1$0.01%。

（2）大米粒 79.99%、玉米粉 10%、蚕蛹粉 8%、蔗糖 1.5%、蛋白胨 0.5%. 维生素 $B_1$0.01%。

（3）小麦粒 77.99%、玉米粉 10%、稻糠 6%、蚕蛹粉 4%、蔗糖 1%、酵母粉 0.5%、蛋白胨 0.5%、维生素 $B_1$0.01%。

（4）大米粒 92.99%、蚕蛹粉 2.5%、葡萄糖 2%、蛋白胨 2%、柠檬酸铵 0.3%，硫酸镁 0.2%、维生素 $B_1$0.01%。

（5）大米粒 49.99%、麦麸 25%、阔叶木屑 10%、玉米粉 10%、蚕蛹粉 2%、蔗糖 2%、硫酸镁 0.9%、尿素 0.1%、维生素 $B_1$0.01%。

注意：上述培养基灭菌后 pH 值以 5.2~6.8 为宜。人工栽培培养基制作过程与原种相似，其中大米粒要用清水浸泡 5~6h 后使用，所有配方理论上含水量以 60% 左右适宜，但根据情况可适当增减；封装时，将培养基装至罐头瓶容量的 1/4~1/3 处，如 500mL 或 750mL 的罐头瓶中分别装干料 50g 或 75g 左右；100℃灭菌 8h 或 121℃灭菌 1.5~2h。

（四）接种及菌丝体培养

在无菌操作下，采用液体接种枪，选择已检测无污染、菌液澄清、菌球数量小而多、生活力强等已培养 3~4d 的优质蛹虫草液体菌种，以 10mL/ 瓶左右的接种量趁热（约 30℃）接种，然后在该菌的最适菌丝生长条件下培养。

接种后，将栽培瓶轻拿轻放、直立放置于空气清新的出菇室，控制室温至 15~18℃，菌丝体萌发及定植后，再平行上架遮光培养，每层架以 5 层菌瓶为宜，层间设置日光灯补充光照，并将瓶口朝向光线进入的一面。待蛹虫草菌丝体长满料面后，其他环境条件不变，调节室温在 20~25℃，经 12~14d 发菌菌丝可长满瓶。

注意：整个培养及出菇期无须揭去封口薄膜，出菇期间可在薄膜上用牙签穿刺小孔以利瓶内外气体交换。

（五）出菇管理

菌丝体完全渗透培养料，浓密，颜色由白色逐渐转变成橘黄色，气生菌丝表面出现少许小隆起时进入出菇管理阶段。此时，保持室温 21~23℃、空气相对湿度 75% 左右，增加光照，促进菌丝体快速转色和原基分化，必要时可利用上述日光灯每天补光 10h 以上的光照。在良好的通气条件下，5d 左右，在培养基表面或四周出现橘黄色色素、聚集黄色水珠，并伴有大小不一的橘黄色圆丘状隆起即为原基。此时，调节室温至 18~23℃，光照强度以 200~500lx，空气相对湿度 85%~90%，结合喷水每天适当通风，保持空气新鲜，后期子实体分化和生长要加大通风换气。

（六）采收及管理

经 15d 左右的出菇管理，当子座不再生长，呈橘红色或橘黄色，上部有黄色凸起物出现，顶端长出许多小刺，头部出现龟裂状花纹，长度 8cm 左右时及时采收。采收时，用消毒镊子将子实体从瓶内培养基上摘下即可。蛹虫草通常只采收一茬，若采收后向瓶内加入适量水或营养液，按照上述同样的管理，经 10~20d 可收获第二茬。

第四章

食用菌常见病虫害及其防治技术

如何生产出高产优质的食用菌产品，已成为食用菌生产者最关注的问题。随着食用菌生产规模的不断扩大，生产中存在的问题也日益突出，特别是由于管理不当而造成的问题，给生产造成了严重的损失。食用菌的生理性病害多是由环境条件不适宜或栽培方法不当所导致，如不掌握管理方法，则会给生产者带来严重的损失。本章介绍几种食用菌常见病虫害及其防治技术。

第一节 食用菌常见病害及其防治

一、食用菌生理性病害

（一）金针菇生理性病害

1. 烂菇

（1）表现症状。菇盖变色、变软，有异味。

（2）引起原因。冷水直接喷淋菌盖而蓄积于菌盖上，菇房通气差。

（3）防治措施。避免直接将水喷到菇体上，并加强通风管理。

2. 褐菇

（1）表现症状。菇盖变色、变软，有臭味。

（2）引起原因。光线太强或光照时间太长。

（3）防治措施。适当给予散射光，并应有相应的避光措施。

（二）黑木耳生理性病害

1. 流耳

（1）表现症状。小耳发软、黏，紧贴耳棒处或整个耳穴腐烂。

（2）引起原因。耳场低洼积水，闷热闭气，高温高湿，喷水时水质不洁、碱性过重，并在高温时喷水；害虫危害。

（3）防治措施。耳场选择通气良好、排灌方便，有遮阴措施的地块；避开中午高温时喷水；注意水质的酸碱度；加强害虫的防治。

2. 石耳

（1）表现症状。耳芽发生量大，小耳皱缩在一起不展开，似小石头状的黑色颗粒。

（2）引起原因。水分过多，耳穴积水。

（3）防治措施。停止喷水，加强通风，晾晒耳木。

（三）香菇生理性病害

1. 大脚菇

（1）表现症状。菇柄粗而短，盖肥厚而不易张开。

（2）引起原因。高温品种在催蕾时，3d 内日平均气温低于 12℃。

（3）防治措施。按照品种要求，创造适宜的栽培条件，如遇低温则应采取保温措施。

2. 拳状菇

（1）表现症状。出菇成丛，菇盖卷缩，菇柄扭曲似拳头。

（2）引起原因。装料松紧不一，袋料表面可见凹凸不平，从而导致养分供应不均，菌丝长势和子实体成熟度不一。

（3）防治措施。在机械装袋时，握紧用力要均匀使料松紧一致，打穴不要太深，一般以 1~1.5cm 即可。

3. 空心软柄菇

（1）表现症状。菌柄空心、柔软，菇盖很小，出菇密而成丛。

（2）引起原因。菌种老化、优良性状退化、生活力下降。

（3）防治措施。选用生活力强、生长健壮、适龄的菌种。

4. 螺盖菇

（1）表现症状。菇盖似田螺大小，呈钟罩形，盖缘内卷。

（2）引起原因。菇蕾形成时，光线太强，温度过高，培养基碳氮比失调，且氮源过多。

（3）防治措施。合理搭建遮阴棚，催蕾时根据品种掌握好温度，或根据温度（季节）安排播期，合理配料。

二、食用菌竞争性危害

食用菌生产过程中的杂菌污染，是食用菌生产者面临的棘手问题。近年来，由于大面积栽培，或多年在同一地点栽培同一种食用菌，经常会发生杂菌污染现象。因杂菌蔓延很快，造成的生产损失大，从而成为食用菌产业发展的重大障碍。竞争性杂菌很多，如细菌、木霉菌、毛霉菌、根霉菌、曲霉菌和链孢霉菌等。竞争性杂菌侵染食用菌菌丝体，除与食用菌争夺养分外，还分泌毒素，抑制食用菌菌丝体的正常生长，造成菌种与菌袋的污染，成品率下降。有的竞争性杂菌还侵染子实体，造成病害。在很多情况下，竞争性杂菌的危害程度已超过食用菌病虫害的危害程度，成为食用菌生产中亟待解决的问题。首先应鉴定竞争性杂菌的种类，然后再采取有效的防治措施。

（一）主要竞争性杂菌的种类

1. 木霉

木霉 (Trichoderma spp.) 又称绿霉，分布广，是食用菌栽培中极为常见、致病力强、危害最大的一种竞争性病害，几乎所有的食用菌在不同生长阶段都会受到木霉的侵染。木霉感染培养料时，菌落初期白色、致密，无固定形状，以后从菌落中心到边缘逐渐变成浅绿色，最后变成深绿色，出现粉状物，在 25~27℃的高温下菌落扩展很快，同时料面上新的菌落不断出现，形成大片绿色霉层。康氏木霉在培养料上初期产生白色菌丝，以后逐渐变为小团的絮状分生孢子。子实体受害后，先在菌柄一侧出现微褐色的水渍状病斑，然后逐渐扩展到菌盖，呈褐色凹陷，出现绿色霉层，最后整个菇体腐烂。

2. 青霉

青霉（Penicillium spp.) 是食用菌生产中最常发生的竞争性杂菌，危害食用菌的青霉主要有圆弧青霉 (P.cyclopium)、产黄青霉 (P.hrysogenum)、产紫青霉 (F.purpurogenum)、指状青霉 (P.digitatum) 和软毛青霉 (P.puberulum)。多数青霉喜酸性环境，培养料及覆土呈酸性较易发病。青霉感染培养料时，初期料面出现白色绒状菌丝，1~2d 后菌落渐渐变为青蓝色或绿色的粉末霉层，覆盖在培养料表面，分泌毒素，使菌丝生长受抑制并易引起其他寄生真菌的侵染。

3. 链孢霉

链孢霉 (Neurospora) 又称红色面包霉、串珠霉，是一种生长极快的霉菌，是栽培和菌种生产中威胁性很大的病害，在平菇、茶薪菇、凤尾菇栽培后期也常发生，引起培养料腐烂而不能继续出菇。粗壮脉纹孢菌 (Neurospora crassa) 和面包脉纹孢霉 (Neurosporaspp) 对食用菌危害最重。

被污染的菌种及培养料，初期长出灰白色纤细菌丝，生长迅速，几天后在瓶 (袋) 外形成橘红色粉状孢子团，明显高出料面。最明显的症状是在棉塞和菌种表面堆积大量分生孢子，呈现出粉红色粉层，粉层厚度可达 1cm 左右，致使成批菌种报废。

4. 链格孢霉

链格孢霉 (Alterna ria) 又称黑霉菌，常见种为互隔链格孢霉 (Alternaria alternata)，在制种及栽培过程中经常发生。菌种和栽培料被侵染后，菌种和菇床表面产生一层黑色或墨绿色的霉层，使培养料腐烂，导致食用菌菌丝无法生长。

5. 毛霉

毛霉又称长毛菌，毛霉侵染后与食用菌菌丝争夺养料和水分，使食用菌菌丝生长受到抑制，侵染初期为灰白色粗壮稀疏的菌丝，后期着生黄色至黑色颗粒物。

6. 曲霉

曲霉种类多，最常见的有黑曲霉和黄曲霉。侵染后不仅与食用菌争夺养分，还分泌毒素抑制食用菌菌丝生长，很快在棉塞上或培养料表面长出黑色、黄绿色、蓝绿色等不同颜色的颗粒状霉层。高温高湿、通风不良的环境中，培养料更易被曲霉感染。

7. 白色石膏霉

白色石膏霉常发生在平菇、草菇、双孢蘑菇的菇床上。侵染初期在料面上出现白色斑块状短而密的菌丝体，逐渐变成粉红色的粉状颗粒。菌丝自溶后使培养料发黑、变黏、产生恶臭味，白色石膏霉抑制食用菌菌丝生长。石膏霉传播途径广，可通过培养料、覆土、气流等进入菇房，在培养料发酵不良、堆温不高未充分腐熟、偏碱性、含水量过高等条件下易发生和蔓延。

8. 胡桃肉状菌

胡桃肉状菌又称菜花菌，主要危害平菇、蘑菇等，是蘑菇生产中有较大威胁的杂菌。主要发生在秋菇覆土前和春菇后期，发病前培养料发出刺鼻漂白粉气味，发病初期在料内、料面或覆土层中出现短而密的白色菌丝，逐渐形成奶油色或淡红色似胡桃肉状物，与蘑菇争夺养分，使蘑菇菌丝逐渐消退而不能出菇。在高温高湿、通风不良、培养料过湿偏酸、透气性差的环境中易大量发生。该菌可随风飞散或通过人和工具广为传播，还可通过培养料、覆土及菌种传播。

9. 鬼伞

鬼伞也是为害较大的一种竞争性杂菌，它属草生类腐生菌，所需生活条件和草菇极相似，在食用菌发菌阶段，当培养料内温度过高、湿度过大、pH 值偏低时易大量发生。鬼伞常发生在平菇、草菇、双孢菇等食用菌栽培料中。鬼伞不分泌毒素，但生长速度快，可与食用菌争夺养分和水分，从而影响其正常生长，导致减产或绝产。鬼伞的子实体在自溶前可散发大量孢子并随气流传播，在培养料堆制发酵不彻底的菇床上和高温、高湿条件下易滋生，一旦发生，如不及时防治，会迅速蔓延至整个菇床。

食用菌竞争性病害一般均喜高温、高湿、偏酸性环境，在温度为 20~30℃、相对湿度为 80% 以上 (其中木霉、青霉相对湿度 90% 以上) 的环境中更易发生。培养料含水量偏高、空气相对湿度较大、发菌室温度较高以及通风不良等都易使病原菌大量滋生。病原菌可以通过菌丝体、分生孢子或厚垣孢子在病残体、堆积杂物、空气或土壤中传播或长期存活，形成初侵染源，并通过分生孢子凭借气流、水流飘浮扩散，造成再侵染。培养料、接种箱、接种室消毒不彻底，棉塞受潮，塑料袋破损、裂口，接种时不遵守无菌操作规程等均会造成病原菌大面积侵染危害。木霉的发生与食用菌菌种纯度有直接关系，链孢霉极易在各种潮湿的有机物 (如甘蔗渣、棉籽壳、玉米芯、麸皮、米糠等) 上发生，引起食用菌发病，造成初侵染。

（二）竞争性杂菌的防治

1. 预防为主，防重于治

食用菌是一种即收即食的农产品，不宜用施加农药的办法来防治病害。许多病原菌菌丝与食用菌菌丝交织缠绕在培养料里，无法靠施药彻底铲除。

2. 严把菌种关，选择适宜播种期

选择抗性强、菌丝健壮、发菌快、与栽培时期相符、菌龄适宜的高产一级菌种。认真挑选三级菌种，有异常的菌种一定要淘汰，防止菌种带入病菌。接种时适当增加播种量，以利于快速发菌，形成菌丝生长优势。选择最佳播种期，春栽不易过迟，秋栽不易过早。

3. 选用优质培养料

培养料应无虫、无霉变。培养料中的麸皮及米糠比例不超过 10%，并适当增加石灰用量 (2%~4%)，特别是高温季节进行生料栽培时。培养料含水量应适宜，随拌随用，以防酸败 (霉菌多喜酸性环境)。

4. 控制栽培条件

料温不超过 25~28℃的情况下，发菌比较安全，同时基质含水量与空气相对湿度不宜过高，调控好棚内温度并保持通风良好。

5. 搞好环境卫生

菇房、菌种厂应远离仓库、饲养房，接种室、培养室要定期清扫，并用高效环境消毒器彻底消毒，培养料进房前，菇房、菇架要暴晒 2~3d，并用石灰、甲醛等消毒，污染的菌种和病菇要带出菇房烧毁或深埋。培养料出房前一定要通过蒸汽消毒，消毒后还田。

6. 操作严格规范

灭菌、接种、发菌等环节要严格实施无菌操作，培养料要灭菌彻底，避免棉塞受潮，防止菌袋破损，在配料时加入 0.1% 的 50% 多菌灵可湿性粉剂、1% 的生石灰或 0.2% 高锰酸钾混合液拌料，也可用 0.1% 的甲基托布津拌料，调节好培养料的碳氮比和 pH 值，并注意培养料的含水量要适宜且均匀，以用手攥料恰好指缝不出水为标准，装袋时松紧度要适宜。

7. 化学防治

使用化学农药应遵循最低限度原则。确实需要使用农药时，必须选择高效、低毒、低残留，既对病菌有效，又不伤害食用菌的药剂。菌种袋或菌种块局部发生木霉时，可用 0.1% 克霉灵或 2% 甲醛溶液注射或涂抹，也可用 10% 漂白粉溶液局部涂抹。菇床培养料发生木霉时，可直接在污染料面上撒一层薄的石灰粉，以控制病菌扩展蔓延。当发生当发生木霉严重时，时，可用 70% 甲基托布津 800~1500 倍液或 65% 代森锌 1000 倍液喷雾或局部处理，间隔 3d 再进行 1 次。喷药期间应停止喷水，3d 后可进行喷药管理，注意出菇期间不喷药。菌袋局部发现青霉时可注射 15% 甲醛溶液。段木发生青霉时，可用石灰水洗刷；菇床上发病时，可用 1% 克霉灵溶液喷洒防治。对于曲霉和链孢霉，先将受污染的菌种袋清理到室外埋掉或烧毁，同时用苯菌灵（苯来特）对菇房彻底消毒；料袋内局部污染，可用 70% 甲基托布津 800 倍液或 15% 甲醛 500 倍液注射，以控制其扩展。发现链格孢霉侵染菌袋，可喷洒 70% 甲基托布津 1000 倍液，或 50% 多菌灵可湿性粉剂 800 倍液，或在侵染处撒一薄层石灰粉进行防治。

第二节 食用菌常见虫害及其防治

一、厉眼菌蚊（尖眼菌蚊）

属双翅目、眼菌蚊科，能为害双孢蘑菇、香菇、平菇、木耳等多种食用菌。

（一）形态特征

成虫体长约3mm，黑褐色，头部小，复眼大，具刚毛。触角线状，16节左右。胸部黑褐色，翅烟色，背板隆起。三对细长足。翅上具典型的“U”形脉；卵椭圆形，初白色，后变为褐色。幼虫头黑色，胸腹部乳白色，共12节；初孵化蛹乳白色，后逐渐变成淡黄色。羽化前变成褐色至黑色，后变黑色。

（二）为害症状

以幼虫为害食用菌的菌丝体和子实体。幼虫有群居性，取食培养料及菌丝体，能把菌丝咬断吃光，导致培养料变黑发臭；为害菌种时，由于虫数多，一瓶菌种可有数十头至上百头，常把菌丝吃光，甚至连培养料也被吃成碎渣，并在培养料表面爬行作茧；三龄后的幼虫常蛀食子实体，从菌柄基部侵入将菌柄蛀成空洞，菌盖的菌褶被吃光，而且排有粪便，使受害子实体失去商品价值。

（三）生活习性

成虫喜在畜粪、垃圾、腐殖质和潮湿土壤中繁殖，侵入菇房后栖息在培养料及子实体表面，产卵于培养料内，有趋光性，飞翔力很强。幼虫喜食腐殖质，喜欢潮湿，浇水后幼虫多在表面爬行，如果床表面干燥，便潜入较湿润部分。

（四）防治措施

（1）注意环境卫生。厉眼菌蚊食性杂，常聚集在不洁之处，如菇根、弱菇、烂菇及垃圾上。因此，要搞好菇房内外的清洁卫生，彻底清除菇房及周围的腐殖质、垃圾和污水等物，以减少虫源，并用菊酯类农药喷洒或熏蒸杀虫。

（2）厉眼菌蚊能被食用菌菌丝体所散发出的香味引诱进入菇房，因此，菇棚（房）的门、窗及通气孔要安装60目的纱门、纱窗。

（3）及时清理料面上的菇根、碎片及烂菇，防止害虫滋生。

（4）灯光诱杀。成虫有趋光性，用黑光灯或高压静电灭虫灯或日光灯进行诱杀。将灯挂在培养料上方约 60cm 处，灯下放水盆或收集盘，盆内放 2000 倍溴氰菊酯类农药，5~7d 更换 1 次。

（5）出菇前菌蚊发生严重时，可用 2000 倍溴氰菊酯喷洒或用 150 倍敌敌畏熏蒸。出菇后发生时，在采菇后用 2.5% 溴氰菊酯 2000 倍液喷洒。

二、小菌蚊

小菌蚊属双翅目、菌蚊科，也是以幼虫为害，可为害双孢蘑菇、香菇、平菇、猴头菇等食用菌。

（一）形态特征

成虫体长 4~6mm，头部深褐色，体淡褐色。口器黄色。触角丝状，共 16 节。腹眼黑色、肾形。单眼 3 个，排成一字形。背板向上隆起呈半球形。前翅发达，后翅退化成平衡棒，足基节长而扁，腹部 7 节；卵乳白色，椭圆形；幼虫灰白色，长筒形，体 12 节，头部骨化为黄色，眼及口器的周围黑色，各节腹面有两排小刺；蛹乳白色，头紧贴隆凸的胸部。复眼褐色。

（二）为害症状

小菌蚊是为害食用菌的主要害虫之一。幼虫活动于培养基表面，有群居习性，主要在食用菌菇蕾及菇丛中为害。幼虫取食菌丝和培养料，造成菌丝消失，培养料腐烂发臭。还能吐丝拉网将整个菇蕾及幼虫罩住，被丝网住的菇停止生长，逐渐变黄干枯而死。为害菌盖时，可将菌褶吃成缺刻。为害菌柄时则咬成小洞。也可取食培养料。

（三）生活习性

成虫有趋光性，羽化后当天即可交尾。成虫活动能力很强，雌虫交尾后当日产卵，堆产或散产，多数在 20~150 粒。在 17.5~22.5℃时，成虫寿命为 3~14d，一般为 6~11d。卵期一般 3~5d。在 23~32.8℃，从幼虫孵化到蛹一般 11~14d。成虫活动能力强，有趋光性，以幼虫为害。幼虫有群居吐丝结网习性。

三、大菌蚊

大菌蚊又名中华新蕈蚊，属双翅目、菌蚊科。

（一）形态特征

卵褐色，椭圆形，顶端尖，背面不平；幼虫头黄色，胸及腹部淡黄色，共12节。第一节至末节均有一条深色波状线连接；蛹初时乳白色，渐变淡褐色，最后为深褐色；成虫黄褐色，体长5~6mm，头黄褐色及黄色。触角褐色。单眼两个，复眼较大。前翅发达，后翅退化成平衡棒。三对足细长。

（二）为害症状

大菌蚊是为害食用菌的主要害虫之一，幼虫蛀食原基及菇蕾，子实体受害后萎缩枯死。幼虫可将子实体原基及菌柄蛀成孔洞，将菌褶吃成缺刻，被害子实体很快腐烂。成虫在阴湿山洞和地沟容易发生。幼虫一般在料块表面为害。

（三）生活习性

成虫在温度22.5~30.5℃为发生盛期。幼虫有群居为害习性。在自然条件下，有时一个子实体周围就有数十条幼虫。

（四）防治措施

（1）菇棚的门、窗、通风口应装纱门、纱窗，防止成虫飞入菇棚。

（2）大菌蚊有群居习性，且幼虫和成虫比较大，所以采菇后清理料面应注意捕捉幼虫。

（3）成虫有趋光性，可用灯光诱杀，也可用2000倍溴氰菊酯溶液喷洒。

四、宽翅迟眼蕈蚊

宽翅迟眼蕈蚊又叫菇蚊、菌蛆等，属双翅目、眼蕈蚊科。

（一）形态特征

成虫体长2.7~3.2mm，头部色较深。复眼大，黑色。触角褐色，长1.2~1.3mm。翅淡褐色，脉黄褐色。腹部暗褐色；卵长圆形，初时乳白色；幼虫蛆形，头黑色，胸及腹乳白色，共13节；蛹黄褐色，腹节8节，每节有一气门。

（二）为害症状

幼虫喜食菌丝体和子实体原基，多在培养料表面取食，可把菌丝咬断吃光，使料面变黑，呈松散米糠状。常潜入子实体内，钻蛀取食，一般先从柄基部为害，逐步向上钻蛀，后为害菌褶，严重时菌柄被蛀空，菌柄外面留下许多针眼大小的虫孔，继而侵害菌褶、菌盖。被害的子实体不能继续生长发育。

（三）生活习性

喜在畜粪、垃圾、腐殖质和潮湿的菜园土上繁殖。成虫活跃，有趋光性，飞翔能力强。

（四）防治措施

同厉眼菌蚊。

五、瘿蚊

（一）形态特征

瘿蚊成虫细小，雌虫平均体长1.17mm，雄虫长0.97mm。成虫头部、脑部和背面深褐色，其他呈黑褐或橘红色。头小复眼大。触角念珠状，11节。前翅透明，后翅退化为平衡棒，足细长；卵肾形，初产时乳白色，后渐变为淡褐色；幼虫纺锤形，蛆状，13节，表皮透明，无足，体色因环境及发育时期而异，常呈橘红色、橘黄色、淡黄色、白色或透明。中胸腹面有一凸出剑骨，端部大而分叉，这是识别瘦蚊的主要特征；蛹为裸蛹，初期前端白色半透明，后期橘红或淡黄色。头部有两根毛，为呼吸管。初期胸部白色，腹部橙红色，后期胸部渐变为淡褐、棕色，翅芽变黑。

（二）为害症状

主要以幼虫为害双孢蘑菇、平菇、草菇、木耳、银耳等多种食用菌。出菇前幼虫在培养料及覆土内为害菌丝体及菇蕾，使菌丝死亡、幼蕾枯萎，随子实体生长，幼虫钻入菇柄，后潜入菌褶，取食菌柄和菌褶，尤其喜欢蛀食菌蕾弯曲部分，将表皮蛀成浅洞同时排出褐色粪便，污染子实体使之变成褐色。虫数量大时，在培养料表面呈一层红色粉状物质，钻入菇体使菌膜处呈现橘红或淡黄色，湿度低时，钻入菌肉浅表层。瘿蚊发生严重时，可导致食用菌绝收。

（三）形态特征

喜欢生活于腐殖质及污水中。成虫有趋光性，在培养料及腐烂的子实体内产卵，常以幼虫进行繁殖，称幼体繁殖。繁殖周期短，一周繁殖一代，短期内使虫口密度大增，造成严重为害。幼虫喜潮湿，有趋光性，在水中可存活多日，而在干燥条件下，活动困难，常很多幼虫聚在一起呈一红色球状，以保护其生存。待条件适宜时，红球体瓦解，继续繁殖。

（四）防治措施

（1）保持菇房周围清洁卫生，及时清理垃圾、污水、废料，铲除虫源滋生源。

（2）菇房门窗及通气孔要安装纱网，阻止成虫飞入产卵。

（3）进料前菇房要严格消毒及杀虫，可用2000倍溴氰菊酯喷洒地面、墙壁及床架，或用硫黄熏蒸。

（4）早期发现瘿蚊用2000倍溴氰菊酯喷洒。1周内连续用药3~4次能杀死幼虫和成虫。但喷药应在菇采完后进行。

（5）灯光诱杀，方法同上。

（6）发生较重的菇棚(房)停止喷水，使幼虫因培养料干燥停止取食和繁殖或缺水死亡。菇房瘿蚊大量发生时，可用1000倍溴氰菊酯溶液喷洒。

（7）子实体受害时，可撒少量石灰于患处或将子实体摘下，使其干燥，幼虫自然死亡。

六、蚤蝇

（一）形态特征

成虫小蝇状，体长1.2~1.8mm，黑色或褐色。明显的特征是停息时背上有两个小白点，是由翅折叠在背面而成。头扁球形，复眼黑色，大。触角短小，近圆柱形，第三节有1个长触角芒，单眼3个。胸部隆起，中胸背板大，盾片小，呈三角形。翅白色，短，径脉粗，前缘基部直至径脉汇合处有微毛。足深黄色至橙色；幼虫白色、蛆形、无足，长4mm；卵白色，椭圆形；蛹黄色。

（二）为害特性

主要为害双孢蘑菇、平菇、木耳、银耳等。以幼虫为害菌丝体和子实体。幼虫取食菌丝体，取食量大并有集中为害特性，能引起菌丝迅速衰退和死亡；幼虫从菌蕾基部侵入子实体，在菇柄内上下穿梭活动，咬食柔嫩组织，使菇体组织变成松散的海绵状，最后整个菇蕾全被蛀食空，菌蕾变褐枯萎。大的子实体受害后，留下孔洞，失去商品价值；耳片被蛀食后，形成鼻涕状耳；蚤蝇发生严重的菇棚(房)，常招致病害大流行。此虫发生特点是来势猛、为害重。

（三）生活习性

蚤蝇食性杂、分布广，幼虫喜高温。成虫行动迅速。成虫在培养料内产卵。覆土层湿度越大，发生越严重。幼虫老熟后卷覆土层或培养料表层内化蛹，以成虫或蛹越冬。

（四）防治措施

（1）栽培场所湿度不能过高，并尽量避免向菇体喷大水。

（2）加强菇房管理，防止温度过高。

（3）门窗安装纱网，防止成虫飞入。

（4）采菇后，用2000倍的溴氰菊酯液喷洒。

七、果蝇

常见的为黑腹果蝇，也叫黄果蝇，属双翅目、果蝇科。

（一）形态特征

成虫体长5mm左右，黄褐色，腹末有黑色环纹，触角3节。复眼有红、白两种变型；卵乳白色。背面前端有一对触丝；幼虫白色，无足，蛆状。老熟幼虫头部尖，体黄色，尾部具乳突；蛹为围蛹，初白色而软化，后渐硬化为黄褐色。

（二）为害症状

为害双孢菇、平菇、黑木耳、毛木耳、银耳等。以幼虫为害菌丝体和子实体，当幼虫取食菌丝体和培养料时，使培养料发生水渍状腐烂；为害子实体时，由于幼虫蛀食菌柄和菌盖，导致子实体萎缩腐烂或引起烂耳。

（三）生活习性

果蝇成虫喜在腐烂水果、垃圾、食用菌发酵料及其废料中取食和产卵。食用菌的菌丝和发酵料香味可诱集成虫在培养料中产卵。生活周期短，繁殖率高，一年可繁殖多代。温度在20~25℃时，12~15d即可繁殖1代。当温度在30℃以上时，成虫不育，甚至死亡。

（四）防治措施

同瘿蚊防治措施。果蝇对糖醋液有趋性，可用白酒 : 糖 : 醋 : 水以1:2:3:4的比例配成糖醋液，再加几滴溴氰菊酯，置灯光下诱杀成虫。

八、螨类

螨虫俗称菌虱，属节肢动物门、蛛形纲、蜱螨目。螨种类繁多、分布广、食性杂。为害食用菌的螨有短蒲螨科、微离螨科、穗螨科、粉螨科、跑线螨科、薄口螨科、长头螨科和囊螨科等。而发生比较普遍且严重的是矮蒲螨科中的木耳卢西螨和微离螨科的兰氏布伦螨和粉螨科中的嗜木螨及腐食酪螨。

（一）形态特征

螨类身体仅由颚体和躯体两部分组成，没有翅及触角，有四对足。幼螨只有三对足。

1. 木耳卢西螨（矮蒲螨科）

体长0.15mm，椭圆形，黄白色至深褐色，有横沟把身体分为两部分。前足体与颚体之间有一类似“颈”的囊状部分。气门狭长，彼此远离。前足体背毛3对，后半体背毛7对，胫跗节粗大，强烈骨化，顶端具一发达的爪。

2. 兰氏布伦螨（微离螨科）

体长0.17~0.18mm，黄白色，椭圆形。体扁平，前足体背有1对明显刚毛气门水滴状。雄螨体菱形，较宽。

3. 嗜木螨（粉螨科）

雄虫体长0.52~0.64mm，白色至黄白色。雌虫体长0.36~0.60mm。休眠体长0.21mm，背表光滑，有8个吸盘。

4. 腐食酪螨（粉螨科）

体长0.28~0.42mm，表皮光滑、明亮，体色依食物颜色而变化，体背刚毛长。

（二）为害症状

螨类能为害双孢蘑菇、香菇、平菇、草菇、木耳、银耳等各种食用菌，在食用菌生产的各个阶段都能造成为害，能取食菌丝体和培养料，将菌丝咬断，引起菌丝萎缩、衰退。发生严重时，可将培养料内的菌丝全吃光，造成绝收；咬食菌蕾和幼菇，引起菇蕾死亡；直接为害子实体时，使子实体表面形成不规则凹陷和孔洞；螨钻入菌种瓶（袋）内后，咬食培养料和菌丝体，导致菌种报废。

（三）生活习性

螨类喜欢栖息在温暖潮湿的环境中，常潜伏在稻草、麦麸、米糠、棉籽壳等物料中产卵，随同培养料进入菇房；也可用吸盘吸附在蚊、蝇等昆虫体上随昆虫传入菇房。在25~28℃

下繁殖迅速，为害严重，且群聚。在环境不良时，就变成休眠体。休眠体腹部有吸盘，能吸附在蚊、蝇等昆虫体上进行传播。

（四）防治措施

螨类的防治应采取“以防为主，综合防治”的措施，主要通过生态防治和化学防治来降低螨虫的为害。

（1）保持栽培场、菌种场内及周围环境的卫生

有螨类菇房的废料要进行隔离封闭处理，菇房及床架材料要严格消毒。

（2）把好菌种的质量关

发生螨虫的菌种要坚决报废。发菌期间要经常检查有无螨害。覆土材料也要进行药物除螨处理。

（3）把好培养料质量关

在 49℃下保持 20min 就可以杀死菇螨，所以将培养料发酵或灭菌就可以杀死其中的害螨。

（4）消灭菇房内的蚊、蝇，防止害螨迁移、传播

蚊蝇类可以加快螨虫在菇房内及菇房间的传播，消灭蚊蝇可以切断害螨的主要传播途径。

（5）应用化学防治

①如果发酵过程中有螨害发生，可以在翻堆时喷施 20% 三氯杀螨醇乳剂 400 倍液。

②发菌期发生螨害，用 73% 克螨特乳油 2000 倍液喷施床面防治害螨效果较好；也可用溴氰菊酯熏蒸，每 100 平方米栽培面积的菇房，用 2000 倍液喷，然后密闭门窗，熏蒸一昼夜。熏蒸后如仍发现有害螨，可再喷药 1 次；用 20% 可湿性粉剂型三氯杀螨醇 400 倍液，混合 2000 倍的溴氰菊酯，每平方米用药液量 0.5kg，必要时可用 1kg；用 2.5% 溴氰菊酯（敌杀死）乳油剂 1000~1500 倍，不但可杀螨类，还可杀各种蝇类。

新近研究报道利用美国产的 2.5% 天王星（Talstar）1000~1500 倍液喷施，杀螨效果良好，并能兼杀其他害虫。

③出菇期发生螨害，使用化学药剂防治时，必须在转潮期喷施，以免产生药害和农药残留。可用 1000~15000 倍克螨特、天王星或其他菊酯类低毒、低残留农药喷施床面，每平方米用药液 0.6~0.7kg。用 1.8% 阿维菌素（阿巴丁）3000~6000 倍液喷洒床面或覆土，持效期 14~21d。

④利用螨对某些物质有趋避性的特点进行诱杀。螨对肉骨香特别敏感，趋性强，可

把肉骨头烤香后，置于菌床各处，待害螨聚集骨头上时，将其投入开水中烫死，骨头捞起后，可反复使用。

九、线虫

线虫属线形动物门、线虫纲、小杆菌目、杆形科，种类多、分布广。为害严重的是滑刃线虫、食菌丝线虫和小杆线虫。

（一）形态特征

线虫虫体由头、颈、腹和尾四部分组成。形体线状，体长不到1mm，比菌丝略粗，白色透明，两端渐细。

（二）为害症状

线虫能为害双孢蘑菇、平菇、香菇、金针菇、草菇、木耳和银耳等食用菌。菌丝体和子实体均能被为害。有口针（吻针）的线虫，通过口针（含有消化液）穿入被害的菌丝体内，消化液也同时进入菌丝细胞内，吸食和消化菌丝细胞的营养物质，从而使菌丝生长受阻，甚至萎缩消失。有时播种后菌丝已生长，但不久菌丝逐渐消失（菇农俗称的“退菌”现象）大多是与线虫的严重为害有关；没有口针的线虫用头快速而有力搅动，可使菌丝断裂成碎片，然后再吸吮或吞食菌丝碎片。不同的食用菌被线虫为害表现出不同症状：双孢蘑菇菌床被线虫侵害后，菌丝稀疏，培养料变黑发黏，菌丝消退，不出菇，并伴有特殊臭味；香菇易在脱袋排场时遭线虫侵害，受害的菌袋菌丝消失，产生退菌现象，最后菌袋腐烂；银耳被线虫为害后，导致鼻涕状腐烂；草菇被线虫为害后，子实体转黄、变褐，最后整个子实体腐烂，并有腥臭味；黑木耳、金针菇、毛木耳被线虫为害后，子实体腐烂、自溶；平菇被线虫侵害后，菌丝渐渐萎缩，出现退菌，培养料变潮湿腐烂状，子实体受害呈软腐水渍状，变为腐黄或腐褐色。

（三）生活习性

线虫喜欢栖息在高温富含腐殖质场所。线虫可通过培养料、覆土、喷水、工具及操作人员进行传播。在23~28℃、培养料含水量偏高情况下繁殖迅速，为害严重。线虫活动有如下特点：

1. 活动范围小

线虫体形小，通常是以身体的蠕动在基质微孔中穿行移动，活动时需要有水膜存在。

在培养料含水量偏高时，线虫的活动和为害比较严重。

2. 团聚现象

线虫在水中都有成团现象，常成团聚集在瓶（袋）壁上。

3. 混合发生

线虫在培养料中，很少以单一种存在，通常为两种或两种以上混合发生，但其比例却差异很大，有明显的优势种。

4. 侵害途径

如培养料有线虫卵或虫体，又没有处理好，线虫就在培养料定植下来成为侵染源。用不清洁的水喷雾或旧菇房残存的休眠虫体和虫卵没有彻底消灭，都是线虫的主要来源。此外，线虫也可随雨水漂流或蚊、蝇飞迁等到处侵染为害，为其他病原菌创造入侵的条件，从而诱发各种病害的发生，造成交叉侵害。

（四）防治措施

（1）利用线虫对高温的忍耐力很弱的特征，将培养料进行发酵或灭菌以杀死潜藏在料中的线虫。

（2）搞好栽培场所卫生，及时清理垃圾和废物，使用前彻底消毒。菇房及耳场用 1% 石灰水或 1% 漂白粉喷洒。

（3）菇房用水应干净，不使用不洁水或污染水。不干净的水含有大量线虫和其他病原菌。

（4）发生线虫时，喷 1% 石灰水或 1% 食盐水并在地面撒石灰有较好防治效果；线虫发生严重的菇房或耳 (菇) 场，2~3 年轮换 1 次，以改善环境条件。

（5）出菇前发生线虫为害，停止喷水，比较干燥的环境有利于抑制线虫的活动。

（6）及时清除烂菇、废料。

十、跳虫

跳虫又叫烟灰虫、香灰虫、弹尾虫，属昆虫纲、弹尾目。为害食用菌的跳虫主要是紫跳虫、角跳虫、姬园跳虫和黑扁跳虫等。

（一）形态特征

跳虫个体极小，很少超过 5mm，柔软无翅，体长 1~2mm，兰灰黑色，大多数体外具毛。触角 4 节，足 4 节。有一灵活尾部，善于跳跃。

（二）为害症状

主要为害双孢蘑菇、平菇、香菇、凤尾菇、草菇、金针菇、银耳等多种食用菌，既能为害菌丝体也能咬食子实体。能密集接种穴周围或子实体上，可咬断菌丝，造成退菌现象。侵染子实体后，钻进菌柄、菌盖取食子实体，使菌柄出现许多小洞，菌盖表面出现不规则凹点或孔道，露出菌肉，继而变成褐斑，严重时，子实体枯萎。

（三）生活习性

一年可发生 6~7 代。常栖息在枯木、垃圾、堆肥等富含腐败质及较阴湿的环境中。适应温度范围广，全年都可活动为害。善于跳跃，常在培养料或子实体上迅速爬行，并以跳跃式前进，跳跃可达数厘米之高。有群集一起为害的习性，一个菌盖上多的可达几千头，好像弹落在菌盖上的一堆烟灰，故俗称烟灰虫。一旦受干扰振动，立即跳离原处，躲进潮湿阴暗角落或地上。体表具一层蜡质，不怕水，可长时间漂浮于水面，仍跳跃自如。多数跳虫生长发育要求 89% 以上的空气相对湿度。

（四）防治措施

跳虫是菇房环境极差的指示害虫，可采用以下方法防治：

1. 诱杀

出菇前可在发生跳虫的菇房中放置水盆，许多跳虫就会跳入水中。将水配成 I000 倍的溴氰菊酯溶液加少量蜜糖，然后进行诱杀。

2. 用新鲜橘皮防治法

新鲜橘皮 250–500g 切碎，用纱布包好榨取汁液，于汁液中加入 500g 温水，用 1:20 比例喷施，2~3d 后跳虫全部死光。或直接用橘皮水煮后的汁液进行喷施。

3. 保持环境卫生

保持栽培室内不积水，清除周围杂草及废料。

第三节 食用菌病虫害综合防治技术

食用菌病虫害综合防治又称综合管理或综合调控，包括环境调控、生态调控和化学药物调控等。综合防治是食用菌生产上采用的全面的、科学的、高效的防治措施。

一、环境调控

（一）环境卫生的治理

1. 生产场所的选择

菌种培养室和出菇棚要建在远离仓库、饲养场、垃圾场、厕所的地方，要远离各种污染源。食用菌生产场所要布局科学，降低污染率。

2. 保持生产场所内外的环境卫生

培养室内地面平滑而清洁，易于消毒。栽培室及出菇棚周围环境要干净，无杂草和各种废物堆积，清除枯枝烂叶，常将生石灰粉或漂白粉撒在菇棚四周，防止白蚁及其他害虫进入棚内。

3. 培养室和出菇棚要采取防输入性虫害的措施

要在门、窗和通风口上安装细眼纱网，防止菇蝇等昆虫飞入。

4. 操作人员进入培养室或出菇室时，要注意消毒

特别是从有病虫害发生的菇房进入另一菇房时，更换消过毒的衣、帽，防止将病虫孢子和虫卵带入菇房。

（二）菇房、工具的消毒及处理

1. 旧菇房消毒

凡栽培过食用菌的菇房都是旧菇房。旧菇房再进行生产时要注意严格消毒。不少菇农因忽视对旧菇房的消毒，使病虫害严重发生，造成减产或绝收，经济上损失很大。因此，旧的菇房包括旧出菇棚在栽培之前要进行熏蒸消毒，将钻缝的虫子及卵杀死。常用的熏蒸剂有甲醛、硫黄等。这些熏蒸剂既能杀死害虫，又能杀死真菌孢子，对旧菇房中的病虫害有很好的灭杀效果。最常用的熏蒸剂是甲醛，每立方米空间用 10mL。操作时按旧菇房的空间体积，计算出所用的甲醛量，分别倒入玻璃、陶器或金属容器内，再称 1/2 甲醛重量的高锰酸钾倒入。两种物质发生剧烈反应，产生大量的热使甲醛蒸发而起到熏蒸杀毒的效果。熏蒸时旧菇房门窗要紧闭，经过 24~48h 后，打开门窗通风，待药味散尽后使用。石灰也有消毒作用，可以用石灰水刷墙壁，在地面撒石灰粉等，以达到消毒效果。

2. 旧器皿及用具的消毒

重复使用的菌种瓶及菌种袋，在再用之前要在 2% 的高锰酸钾等杀菌剂溶液中浸泡消毒 24h，消灭这些用具上带有的杂菌和虫卵。

3. 采收结束后生产场地要彻底消毒

在清理废料之前对菇房进行一次熏蒸，同时将室内温度提高到 65℃以上。大多数真菌的营养体和孢子在 65℃左右能被杀死，昆虫、线虫和螨类在 55℃左右被杀死。如菇房 70℃的温度保持 1h，能达到杀死菇房内病虫害的效果。消毒过的废料运往离菇房较远的地方处理。菇房内的床架及有关设施器物要进行再消毒。

（三）栽培原料处理

隔年的栽培料在栽培前要进行消毒处理，可在烈日下暴晒 1~2d，有效杀死其中的杂菌孢子及害虫。还可进行堆置发酵，利用高温进一步杀死杂菌和害虫。

二、生态调控

（一）环境条件控制

环境条件是指食用菌生长过程中所需要的温度、空气相对湿度、空气、光线、酸碱度等外部条件。通过人工控制，使这些外部条件适宜于食用菌的生长，而不适宜于各种杂菌的生长繁殖，从而达到促菇抑病的目的。

1. 温度

不同的食用菌品种，都有各自生长的适温范围。在适温范围内，食用菌菌丝生长速度快、出菇早、抗逆性强，而杂菌的生长受到抑制，受污染率会明显降低。食用菌菌丝生长适温大多在 20~25℃，霉菌生长温度在 30~35℃。在菌丝生长期控制料温在 25℃以下，会有效地控制喜热霉菌的感染。

2. 空气相对湿度

侵害食用菌的大部分霉菌，既喜欢高温，也喜欢高湿。在菌丝生长阶段，将室内的空气相对湿度控制在 70% 以下，能有效地控制喜湿霉菌的发生。

3. 加强通风和光线调控

大多数食用菌品种为好氧性真菌，而大多数为害食用菌的杂菌喜欢在闷热、不透气的条件下滋生。在食用菌生长过程中保持良好的通气状态，能有效地促进菇类的生长而抑制杂菌的发生。

在食用菌生长过程中，适宜的散射光照能促进菌丝体及菇体健壮生长，使其抵抗杂菌的能力增强。

4. 控制培养料酸碱度

不同食用菌品种酸碱度要求不同，如草菇喜欢在偏碱的环境下生长，而大多数的食用菌喜欢在中性稍偏酸的环境下生长。在配制培养料时，合理控制培养料的酸碱度，能有效地抑制病原菌的发生。

5. 物理调控

利用高温、高压、日光暴晒、黑光灯诱杀及过滤除菌等方法达到防病杀虫的目的。物理方法调控简单易行，不伤害人体，不污染生态环境。物理调控方法是应用十分广泛、成本最低而效果最为显著的方法。如经贮存的陈旧原料，栽培前在强日光下暴晒 1~2d，能杀死杂菌营养体和虫卵。利用高压锅能在较短的时间内杀死料中的杂菌和虫卵。在栽培过程中，当虫害发生时，利用黑光灯诱杀双翅目的大多数昆虫，如眼菌蚊等害虫，这样既减少农药的使用、降低生产成本，又可防止农药的污染、保证产品的安全性。

（二）生物防治

生物防治是利用生物或生物代谢物的制成品来防治食用菌病虫害的方法。生物防治在农业和林业上已得到广泛应用，在食用菌上的应用刚刚起步，但其应用前景是很广阔的。因为生物防治不污染生态环境、没有残留、对人畜无损害，长期使用不会发生拮抗作用。

1. 生物杀菌剂

目前食用菌生产上利用生物发酵提取代谢物作为杀菌剂来防治病害得到广泛应用。如用 200mg/L 的链霉素防治革兰阳性细菌引起的病害；用 300mg/L 的玫瑰链霉素防治红银耳病；用 200mg/L 的金霉素防治细菌性烂耳病等。

2. 生物杀虫剂

利用生物发酵制剂来防治食用菌虫害已有广泛的应用，如利用细菌发酵制剂——苏云金杆菌来防治螨类、菇蚊、菇蝇和线虫取得较好的效果；利用植物制剂——鱼藤精、菊酯类及烟草浸出液等来防治双翅目的昆虫具有良好的效果。

3. 生物天敌防治

在食用菌生产上以虫治虫应用尚属空白，这方面亟待积极进行探索。

（三）化学药物调控

一般情况下，在食用菌生产上尽量不用或少用化学药物来防治病害。如在鲜菇生长期，从幼菇形成到采收期，其生长很快、时间短，此间使用农药，尤其是剧毒农药，毒素极易残留在菇体内，食用时会损害人体健康，甚至造成人体中毒；其次，为害食用菌的杂菌多为真菌性病原菌，目前选择性较强的农药很少，大部分杀菌剂也能抑制和杀死食用菌菌丝，造成食用菌减产，降低生产效益。

1. 杀菌剂

食用菌生产中,选择化学药剂防治时,应选用一些高效低毒、无残留的杀菌剂,如石灰、甲醛、漂白粉、高锰酸钾、多菌灵等。

2. 杀虫剂

食用菌生产中对杀虫剂的选择要严格，因为绝大部分杀虫剂对人畜有不同程度的损害。在虫害发生时，应选用一些高效低毒、残效期短的植物性杀虫剂。常用的植物性杀虫剂是杀虫菊酯。较为安全的杀虫药剂有石灰、硫黄、鱼藤精、溴氰菊酯等。

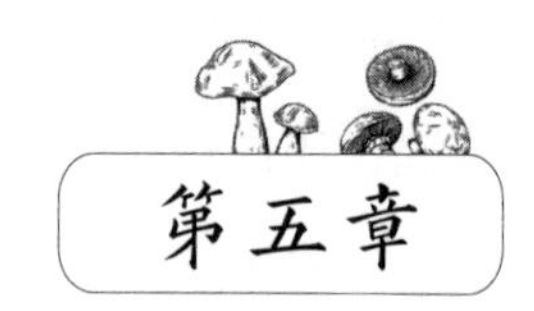

食用菌机械化生产及其机械设备

食用菌机械化生产技术是用机械手段完成食用菌栽培的技术，它将优良菌种、栽培工艺和机械化技术融为一体，是一种变人工操作为机械作业、变分散经营为集约机械化生产食用菌的生产技术。由于这是一项劳动密集型产业，因此配套必要的机械设备，对减轻劳动强度、提高作业质量、增加产量、扩大规模、加速发展珍稀食用菌品种，都具有十分重要的意义。

第一节　食用菌产业现状分析与发展展望

一、食用菌产业发展现状

随着科技的不断进步，食用菌产业越来越壮大。从砍树砍花的自然接种法，到人工接种技术的应用与推广，食用菌产业的规模变大、产量增加，其栽种的品种数量也在不断增多，促进经济效益不断提升。

（一）生产规模变大，产量提升

从食用菌的生产规模及产量来看，食用菌工厂化生产逐渐成熟，工厂规模越来越大。2019 年 12 月，由中国食用菌协会发布的《2018 年度全国食用菌统计调查结果分析》可知，全国 27 个省、自治区、直辖市（不含西藏、宁夏、青海、海南和港澳台等省区）食用菌总产量为3842.04万t，同比增长3.5%。随着科技的进步和政府政策的支持，食用菌的产量不断提升，加工增值能力不断提高，产业效益和出口创汇不断增加。目前，我国食用菌年产值千万元以上的县有500多个，亿元以上的县有100多个，从业人口超过2000万；全国生产加工及贸易企业繁多，工厂化生产的企业有近800家，分布于江苏、福建等多个省份；超百万元的食用菌加工企业在中国有3000家以上[1]。

（二）栽培种类趋于多样化

中国具备丰富的食用菌资源，从目前食用菌的种植品种来看，传统的、被市场熟知的食用菌品种如香菇、木耳、金针菇等的栽培还是占主要地位，但一系列新品种也越来越受到了市场的青睐，成为食用菌产业新的增长点。《2018年度全国食用菌统计调查结果分析》数据显示，2018年香菇依然是产量最大的品种，比上年增长3%，总产量突破1000万t。我国食用菌生产的常规主品种有7个，占全年全国食用菌总产量的51.89%，产量由高到低分别为香菇（1043.12万t）、黑木耳（674.03万t）、平菇（642.82万t）、双孢蘑菇（307.49万t）、金针菇（257.56万t）、杏鲍菇（195.64万t）和毛木耳（189.85万t）；另外，市面上越来越受欢迎的还有蟹味菇、海鲜菇、秀珍菇和白灵菇及一系列珍稀新品种如真姬菇、白灵菇、灰树花等。

（三）形成明显区域产业集群

从食用菌的主要产出地域来看，黑龙江伊春、牡丹江，吉林黄松甸镇等地盛产黑木耳；香菇主要产出于浙江庆元、河北平泉、湖北随州、河南西峡、山东淄博等地。此外，浙江龙泉产灵芝，浙江江山产白金针菇，辽宁沈阳产蛹虫草，江苏射阳产平菇，福建漳州、河北唐县产杏鲍菇，福建古田产银耳、金堂姬菇和羊肚菌。食用菌的区域产业集群，是市场需求、环境条件、政府帮扶共同促成的产物。食用菌产业集群使该地方的食用菌产业都达到一定生产规模、就业规模和市场规模，相互之间既有竞争关系，又有合作关系，加上地区食用菌专业合作社组织化程度越来越高，能给予技术上的支持，增强了食用菌生产的风险抵御能力，从而使食用菌产业收益不断增加。不仅如此，食用菌区域产业集群还能促进地方第三产业如餐饮业、旅游业、农产品交易市场等产业发展，食用菌菌种销售、副食品生产加工、食品包装印刷、物流运输等多个产业也相继得以发展。

1 张金霞，黄晨阳．我国食用菌产业概况 [J]. 中国土壤与肥料，2003（1）:43-44.

二、未来展望

（一）传播食用菌文化，促进文化与产业相融合

食用菌产业的发展，有必要进行文化方面的深度挖掘，如从历史文化内涵、健康饮食、医疗保健这些方面着手，帮助食用菌产业进行转型，形成地方特色品牌，促进产业发展、壮大。

近几年，健康“菌衡饮食”是人们关注的热点，食用菌具有高蛋白、低脂肪的特点，是难得的具有荤、素双优势的食品，且一些菌类还具有一定的防癌、抗菌、防治心血管疾病等效果，利用好“一荤一素一菇”的“菌衡饮食”文化及药用类食用菌“延年益寿”的保健养生文化，以地区集群的食用菌产业发展前景相当乐观。

（二）提高品质，扩大食用菌产业市场

随着国民健康养生理念的转变，食用菌在国内的市场潜力很大。保证食用菌产业可持续发展，最重要的是保证其高品质。要保证其高品质，一是因地制宜。要充分利用当地食用菌自然资源，给食用菌以适宜的栽培环境，既避免品种的地域不适应性，又可大大降低设施管理的投入；二是借鉴运用。需要借鉴一切先进技术与设施发展食用菌产业，借鉴不是盲从，学习其他地区和国家的技术经验，将其运用于地方食用菌的品质优化、产量提升、现代化管理等方面，走出一条“低成本、低能耗、健康安全、高产优质高效”的地方食用菌可持续发展道路。

另外，习近平总书记提出的“一带一路”协同合作倡仪为世界各国发展提供了新机遇，也为中国各行各业的发展开辟了新天地。因此，首先我们要完成食用菌产业提质增效，实现设施设备标准化、生产技术规范化、资源利用高效化，其次要借“一带一路”的东风，让更多的“健康安全、高产优质”的食用菌走出国门。

（三）保护食用菌种质资源，促进品种多样化

良好的食用菌野生资源是食用菌产业发展的基础，中国具有丰富的食用菌种质资源，但随着食用菌生长环境被人为地大规模破坏，食用菌的种质资源正面临危机。合理开发利用野生资源，就地建立食用菌资源保护区，或者异地迁移至种质库等措施可使食用菌种质资源得到有效的保护。种质资源的保护既有利于食用菌产业长久健康地发展，又增强了生物多样性，有利于生态环境的保护，是一举多得的举措。利用好丰富的野生资源，开发有中国自主知识产权的食用菌品种，供广大人民种植与食用，是我们努力的方向。

第二节 食用菌机械化生产模式与机械类型

一、食用菌机械化生产工艺

食用菌生产加工不但面广，而且随着人民生活水平的提高，生产量、需求量也在不断地扩大，需要大量森林资源来满足食用菌行业的发展。但中国森林资源面积有限，所以必须开拓新的食用菌生产原料来源。自 20 世纪 80 年代以来，袋料栽培食用菌技术试验成功，使生产原料来源不断扩大，可以利用各种工、农、林业的副产品为主要原料，增加一定量的辅助材料制成培养料代替木材生产食用菌。如林业上的木屑、枝材或修剪条等；农业上的各种作物秸秆、玉米芯、棉籽壳、谷壳、畜禽的粪尿以及野草等；工业上的废糟（酒糟、啤酒糟、醋糟）、废渣（甘蔗渣、糠醛渣等）、废棉等。利用这些原料栽培食用菌机械化工艺流程，如图 5-1 所示。

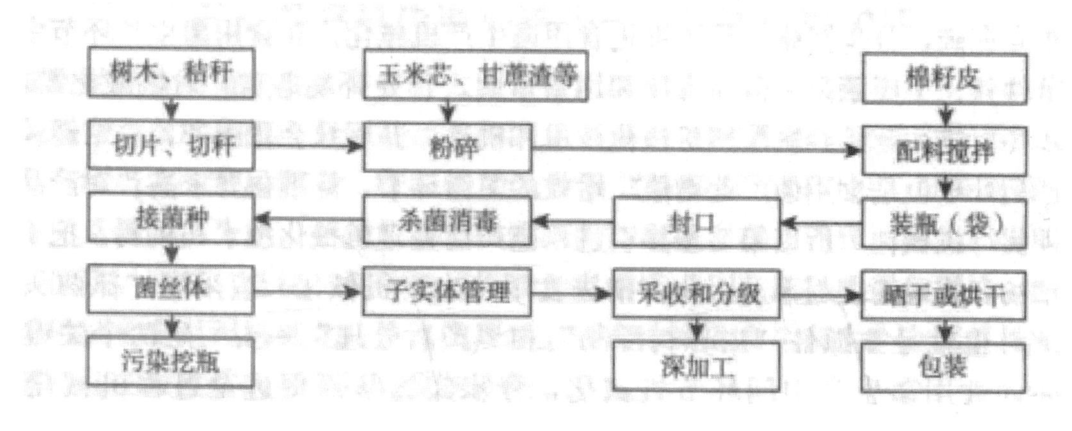

图 5-1 食用菌机械化栽培工艺流程

（1）切片工艺

所选木料以直径小于 12cm、长度不大于 2.5m 为宜。为了便于菌类微生物的侵入、发酵以及供菌丝萌发生长的有机酸形成，菇木切成段后须经一定时间的自然干燥方可切片加工。木片的最大断面尺寸（长 × 宽）为 60mm × 20mm，厚 4mm ± 2mm，含水率在 20% 以上为好。切片场所最好选择在晒场上，以便及时就近摊晒切好的木片，减少搬运量。

（2）粉碎工艺

切好的木片经摊晒风干，含水率为 15% 左右时即可进行粉碎。食用菌对培养料粗细度有一定的要求，若粉碎过细，不但粉碎的生产率低，而且作为培养料时透气性差，影响菌丝繁殖；若培养料过粗，则会刺破塑料袋，引起杂菌侵入感染，同时培养料也不易压实，栽培时容易丧失水分。经试验，作为香菇培养料，粉碎机粉碎木片时筛孔直径以2.5~2.8mm为好；粉碎秸秆、籽壳类培养料时，筛孔直径以5~7mm为好。

（3）搅拌工艺

搅拌的均匀度直接影响食用菌的生长，具体方法是将物料按规定配方比例称好，搅拌时先将主料投入搅拌室，含量少的固体物料沿轴向均匀投入，能溶于水的物料先溶于水后再投入，还须加入一定量的水在搅拌机中搅拌均匀。

（4）制袋工艺

装袋一般适用于香菇、灰树花等的栽培，塑料袋的规格一般为17cm×55cm，多选用厚度为0.04~0.05mm、可常压灭菌的低压聚乙烯塑料袋或可高压灭菌的聚丙烯塑料袋。

（5）灭菌工艺

灭菌工艺一般分高压灭菌和常压灭菌。高压灭菌主要用于制作母种、原种、栽培种和带棉花塞的聚丙烯塑料袋的菌袋灭菌。常压灭菌也称土蒸灶、消毒灶灭菌，用于聚乙烯袋灭菌。菌袋在灶内要合理排放，袋间要留有一定间隙，使蒸汽流畅，各袋受热均匀。灭菌温度必须在100℃条件下保持10~20h，才能达到灭菌的效果。

（6）烘干工艺

烘干工艺也叫脱水工艺。食用菌可直接鲜销或冷库保存，也可脱水保存。用烘干机脱水时必须掌握好温度、时间、送风量、排湿等参数，以防止烘焦、烘熟或腐烂。

二、食用菌生产机械的类型

（一）木材切片机

木材切片机是将阔叶树或杂木的枝丫切成片，然后经粉碎机粉碎，作为栽培食用菌的主要原料。常见的木材切片机有ZQ–600型和MQ–700型两种。ZQ–600型木材枝丫切片机，为刀盘式，可移动式切片机，内装3把刀片，吞料口径为15cm，适用于枝丫材切片，具有体积小、重量轻、结构紧凑、功效高、造价低等特点。MQ–700型木材切片机，内装2把刀片，吞料口径22cm，适用较大的树木切片。此外，还有MQ–800型、MQ–900型等，其结构与MQ–700型机相同，只是吞料口径较大。生产上较为实用的是MQ–700型，每台每小时切片2000~3000kg。

（二）粉碎机

切好的木片经摊晒风干，含水率为 15% 左右时即可进行粉碎。粉碎机型号很多，较多采用的有 9FT-40 型和 9FQS-40 型。除此以外，还有目前常见的 MF-40 型圆周筛片粉碎机，每台每小时产量 200kg，该机结构简单、操作方便。9FS 系列粉碎机，有 9FS-433 型和 9FS-500 型两种，每台每小时产量 200~300kg，适应木片、树枝、棉秆等粉碎。JFSP-500 型多功能粉碎机，是福建省南平粮油加工厂研制生产的一种粉碎野草的理想设备，亦可粉碎木屑，每台每小时生产木屑 300kg、野草 250kg。该机结构合理，具有机身稳定、振动较小，密封性能好、不易跑粉，附设机座、安装简便，耗电低、产量高等优点，所以，广为采用。如用普通饲料粉碎机粉碎木屑，必须更换刀片和筛盘。

（三）培养料搅拌机

培养料搅拌机是将主料和辅料加适量水进行搅拌使之均匀混合的机器，以替代人工用铁锹搅拌。目前食用菌生产上常用的有福建古田农机研究所研制的 WJ-70 型、WJ-80B 型培养料搅拌机。WJ-70 型原料搅拌机，该机结构简单，每次可搅拌 100kg 含水培养料，每次搅拌 2min，每小时操作 8~10 次，可搅拌培养料 800~1000kg/h。工作时，须将混合搅拌的原料和水投入滚筒内，盖好筒盖，合上离合器，搅拌轴即开始转动，轴上安装的 8 把依左右方向螺旋排列的搅拌板带动物料在滚筒内做上下翻动及轴向往复运动，以达到均匀混合物料的目的。除此以外，还有辽宁省朝阳市食用菌研究所研制的 BLJ-200 型，枣庄市第二农业机械厂生产的 JB-100 原料搅拌机、JB-50 型原料搅拌机等。

（四）装瓶装袋机

培养料装瓶装袋机是用于把搅拌好的固体培养料装填到一定规格的瓶或塑料袋的机器。目前食用菌生产常用的装袋机有：辽宁省朝阳市食用菌研究所研制的 ZP- Ⅱ型装袋机和 ZDQ- Ⅲ型多功能装袋机，河南省兰考县机械厂研制的 ZD-A 型和 ZD-B 型螺旋装袋机，河南省内黄县昌达菌业研制的 JDZ-48 型、JDA-4A 型、JDZ-4C 型生料接种装袋机，枣庄市第二农业机械厂研制的 JD-130 型装瓶装袋机，福建省古田县教学器材厂生产的 GE 装袋机、多用型装袋机，福建省农业机械研究所研制的 ZDP-3 型培养料装瓶装袋两用机等。装瓶装袋机是目前使用最广泛的食用菌生产机具，其结构简单、使用方便、生产率高、价格低廉。使用时要注意搅龙套的直径和长度，以适应不同塑料袋规格的需要。

（五）制种机械与设备

制种机械与设备是用于分离和扩大培养各级菌种的专用设备和工具，主要包括灭菌设备、接种室、接种箱、超净工作台、接种针、接种铲、接种枪与镊子等各种接种工具。在食用菌的生产过程中，消毒灭菌是一道主要的生产工序。灭菌消毒通常采用湿热灭菌法，它是利用饱和蒸汽于冷凝时能释放出大量潜热的物理特性，使待灭菌的物体处于受热、受潮的状态，经过一定的时间，破坏所有微生物及其芽孢的组织，最终达到灭菌的目的。湿热灭菌法由于控制方便、效果可靠、费用经济等优点而被广泛采用。湿热灭菌设备有高压蒸汽灭菌锅和常压灭菌灶。专业厂制造的灭菌锅，可以承受较高的温度和压力，灭菌时间只要 1~2h，能源消耗较少。目前从小型手提式高压灭菌器到大、中型灭菌锅均有产品可供选用。6JMJ–0.8 型和 6JMJ–1.25 型直热式高压灭菌锅，每次分别可容纳 750ml 菌种瓶 500 瓶和 700 瓶的培养基进行灭菌消毒工作。灭菌灶是当前袋料栽培中，对培养基进行灭菌用的行之有效的常压灭菌设备，由于它取材方便、建灶容易、投资较省、使用简便、灭菌容量大，而被普遍采用，已成为袋栽食用菌不可缺少的设备；其主要缺点是灭菌仓内升温慢，灭菌时间长达 10h 左右，出锅劳动强度大，热效率低。

（六）病虫害防治机械与设备

随着食用菌人工栽培地域的扩展和时间的推移，病虫害的发生是不可避免的。为了消灭病虫害，保证食用菌生产的产量和质量，必须采取有效的防治措施。常用的病虫害防治方法有生态防治、物理防治、生物防治和化学防治等。实践证明单纯地使用某一种防治方法，不能很好地解决防治病虫害的问题。应充分利用生态防治、物理防治、生物防治及化学防治等综合防治才能有效地达到食用菌病虫害防治目的。目前用于病虫害防治的机械与设备有直流黑光灯、交流黑光灯、高压杀虫灯和各种形式的喷雾器。如 3WB–16 型、3WBS–16A 型、3WBS–16B 型、3WBS–12 型、3WDS–14 型、NS–15 型等喷雾器，它们具有喷雾量足、使用方便、效率较高等特点。

（七）增湿机械与设备

目前用于食用菌生产的增湿机械与设备有电极式加湿器、水压喷雾装置、超声波加湿设备和 ZS 系列加湿机等。ZSM–2 型增湿机，省水、省电，又无需人员看管，其原理是水通过进水阀流入桶内，吸水头把水吸到离心甩盘上（雾化盘），由高速旋转着的甩盘依靠离心力作用形成微小水滴甩出，被甩出的微小水滴经过雾化栅格进一步破碎、雾化，形成“雾气”，再由风叶把它吹送出去。

（八）加工机械与设备

为了解决食用菌从生产到商品出售所存在的时空矛盾，提高食用菌的商品价值，延长保存时间，达到中长期保存，并且还可改善其风味和适口性，保持其营养和药用价值，保证食用菌产品的周年供应，食用菌采收后，要进行分级、包装、贮藏保鲜和加工。食用菌的加工可分为初级加工（盐渍、干制和罐藏等加工）和深加工（蜜饯、菇酱、饮料和医药保健品加工等）。食用菌加工机械与设备有：加工前处理机械与设备（蘑菇分级机、清洗机械与设备、预煮设备等）、干制机械与设备、食用菌深加工机械与设备等。

第三节 食用菌培养料制备及其机械化生产

一、食用菌培养料制备

（一）食用菌培养料原料

可以用来栽培食用菌的原料很多，以用量的多寡可分为主料和辅料两大类。主料用量较大，是培养料的主要成分，主料多是以满足食用菌碳营养为目的的原料，如农作物秸秆、皮壳、木屑等。辅料则与主料不同，在培养料中占比例较小，而且种类也较多，用来满足食用菌生长发育对氮营养和磷、钾、硫、钙等矿质元素及维生素的需要，如麦麸、米糠、各种饼肥、磷酸二氢钾、硫酸钙等。

1. 主料的主要类别

（1）木质类

这类主料的碳源中木质素所占比例较大，纤维素和半纤维素所占比例较小，常用的有段木、树枝、树杈、木屑等，木质类材料相对质地紧密，适于各种木腐菌的栽培。

（2）草本类

这类主料的碳源中纤维素和半纤维素较多，质地较松软，常见的有各类农作物秸秆、皮壳，如麦秸、稻草、玉米芯、油菜秆等，适于多种食用菌的栽培。

（3）粪草类

各种草食动物的粪便，常用的有牛粪和马粪。既含有大量的纤维素和半纤维素，又含有大量的蛋白质，较动物消化前更利于食用菌的分解吸收，常用来栽培双孢蘑菇、大肥菇、姬松茸和鸡腿菇。

（4）纤维类

这类材料食用菌可吸收的碳源主要是纤维素类，虽然有的材料中其他成分所占比例较大，如棉籽壳的种皮，这部分食用菌几乎完全不能利用，能利用的只是其上附着的纤维。这类材料主要有棉籽壳、废棉、废纸等。

2. 辅料的主要类别

（1）有机氮源辅料。这类辅料主要有麦麸、米糠、棉仁饼、菜籽饼、花生饼、豆饼、芝麻饼、大豆粉等。

（2）磷钾肥。常用的有过磷酸钙、磷酸二氢钾等。

（3）无机盐类。常用的有硫酸钙（石膏）、碳酸钙、硫酸镁等。

（二）培养料配制技术与配方

食用菌的营养物质需要从培养料中获得碳源、氮源、矿物质元素和维生素等。培养料是食用菌生长发育的物质基础，是菌类生长的“土壤”，人工依据食用菌所需营养而配制成的培养料必须具备四个条件：一是含有该菌株生长所需的各种营养物质；二是所含养分浓度和状态要有利于食用菌的吸收和利用；三是要有适宜的酸碱度（pH值）；四是须严格灭菌，保持无菌状态。

1. 培养料配制原则

（1）调配营养物质

一方面营养物质选择要适宜。生产中所需营养物质量大，可利用木屑、棉籽壳、玉米芯、农作物秸秆、粪草、麸皮、米糠、麦粒、玉米粒、枝条等为培养料的原料。一般木腐生的菌类，多采用阔叶树的木屑、棉籽壳、玉米芯或部分农作物秸秆等作为培养料的主料，添加少量的麸皮、米糠、石膏等作为培养基的辅料；草腐生菌（蘑菇、草菇）多采用谷粒、棉籽壳、稻草、麦秸等添加部分辅料（石膏、过磷酸钙等）作为生产中培养料。另一方面营养物质的比例要适当。培养料中各种物质的配比直接影响生产中菌丝的生长发育，应根据不同食用菌种类对生长发育所需营养的要求，配制各类食用菌生产中适宜生长的培养料，且培养料中要有适当的碳、氮比例。培养料中碳氮比例合理，产生的子实体蛋白质含量明显提高，其商品性状、口感、风味好；反之，商品性状、口感、风味差。

（2）新鲜无毒无霉

原料应不含任何有害物质。松柏、樟、楠等树木含有酚和树脂等物质，应经过适当处理后才能使用。原料新鲜，防止受潮。原料使用前暴晒有助于防止杂菌污染。

（3）调节物理特性

原料过粗、过硬（葵花子皮、高粱壳等），粒度过大，营养物质不易被直接分解利用，水分散失快；粒度过小，影响菌丝正常呼吸，最终导致缺氧而停止生长发育。物理特性要求含水量适中、通气性好，既能供应食用菌生长过程中养分运转所需要的水分，又要具有一定松紧度，经常能够提供食用菌生长过程中所需要的氧气，能及时排出过量的二氧化碳。因此，一定要注意培养料物理特性指标的控制。

（4）调节酸碱度

不同食用菌需要的 pH 值不同，配制培养料时，应根据原料的理化性状来适当调配原料的 pH 值。一般调节 pH 值多采用石灰、石膏、过磷酸钙等。当进行高温、高湿处理，或灭菌和堆置发酵时应掌握好温度和时间，根据食用菌酸碱度的要求，适当调配原料的 pH 值。

（5）原料经济实用

适合栽培食用菌的原料种类很多，配方也各不相同，但在配制培养料时，必须因地制宜，就近选择质好价廉的棉籽壳、木屑、稻草、麸皮等工农业的副产品做原料，以降低生产成本。

2. 培养料配制技术与方法

配制培养料时必须操作规范、步骤合理，应按照配方要求，准确称量各种原料，并按先后顺序添加。具体做法与要求如下：

（1）时间选择以晴天或阴天较为理想

雨天不拌料，因湿度太大，人员操作行动不便。夏季晴天配料应选择上午或傍晚进行，中午气温高，培养料加水混合后较易发酵，使培养基发酸。

（2）配制方法

①过筛：先把木屑、麸皮等主要原辅料分别用孔径 6.7~8mm 的竹筛或铁丝筛进行过筛，剔除小木片、小木条及其他块状、有棱角的硬物，以防装料时刺破塑料袋。然后按照配方要求的比例，称取主原料与辅料进行混合。

②混合：先将木屑倒入事先清理好的拌料场上，堆成山形。再把麸皮等辅料从木屑堆的尖部倒下，使麸皮等辅料均匀地往下散开，并把石膏粉等均匀地撒在四周，把上述干料先行搅拌均匀。然后把可溶性的添加物，如蔗糖、尿素等溶于水中，再加入干料中进行混合。

③搅拌：可采用拌料机或人工拌料，农村常用人工拌料。拌料方法为：先把堆成山形的干料堆，从尖端向四周摊开，使其形成凹形，把清水倒入凹塘中，用锄头或铁铲把

凹塘逐步向四周扩大，使水分逐渐被干物质吸收。当水分被干物质吸收后，把铺平的料用铁铲重新整成山形料堆，再把料堆挖开，经过反复搅拌 3~4 次，使水分吸收均匀。然后把拌匀的料，用竹筛或铁丝筛进行过筛，打散结团，使料更加均匀。过筛时应边洒水、边整堆。

二、食用菌培养料机械

（一）切片机

1. 切片机的构造

ZQ−600 型木材切片机的构造如图 5−2 所示，主要由刀盘、喂料口、出料口、主轴、皮带轮、机架等部分组成。ZQ−600 型木材切片机的刀盘为圆盘式，采用铸钢材料，也可用钢板焊成。刀盘端面按 120° 径向辐射状安装刀片，每把刀下安装有楔形垫块，用以保证刀片伸出刀盘侧面的伸出量。在刀盘的后边与刀盘体间有调整螺钉，可微调刀片，调整切削木片的厚度。刀片采用沉头螺钉固定在刀盘和垫刀块上。

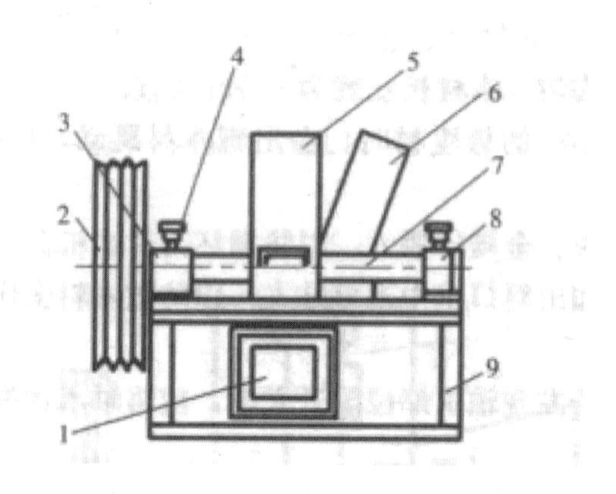

图 5-2 ZQ-600 型切片机构造示意图（1. 出料口；2. 皮轮带；3. 后承轴；4. 黄油嘴；5. 机罩；6. 喂料口；7. 主轴；8. 前轴承；9. 机架）

2. 切片机的工作原理

ZQ−600 型切片机的工作原理是：工作时由动力带动皮带轮，经主轴使刀盘旋转，刀盘上装有飞刀，进料口装有底刀。木材由喂料口送入，被飞刀切削成木片（图 5−3），由于惯性力和刀盘上风叶的吸抛作用和底刀的刀削作用，木片从机体下方出料口迅速抛出。机器使用前应将飞刀调整在同一平面内，飞刀与刀盘的距离分别为 4~5mm（ZQ−600 型）、6~10mm（MQ−700 型）；飞刀和底刀的间隙为 0.3~0.8mm。

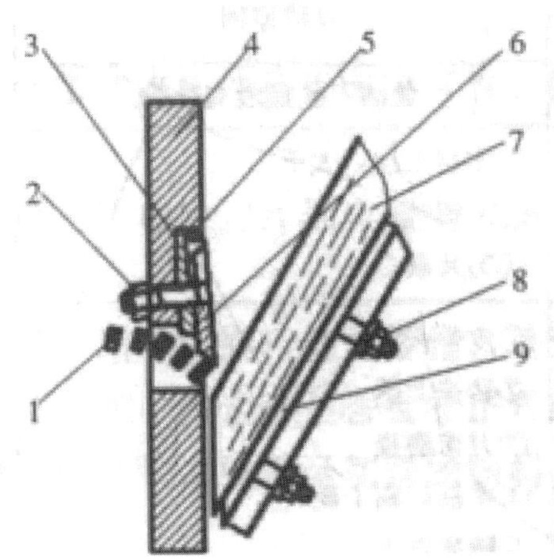

图 5-3 切削木片工作原理（1. 木片；2. 飞刀螺钉；3. 垫刀块；4. 刀盘；5. 飞刀调整螺钉；6. 飞刀；7. 木材；8. 底刀压紧调整螺钉；9. 底刀）

（二）切秆机

1. 切秆机构造与技术性能

SQ–560 型切秆机是我国北方地区生产食用菌的重要机械，它用于将生产食用菌的物料——农作物秸秆等切碎，以便进一步粉碎。该机由电动机或柴油机、传动装置、回转刀架、固定刀片、喂入装置和箱体支架等组成，结构如图 5–4。主要性能参数：切秆长度，6~8mm；生产率，100~150kg/h；配套动力，5.5kW 电动机或 S195 柴油机；主轴转速，400r/min；固定刀片尺寸 (长 × 宽 × 厚)170mm × 40mm × 4mm；回转刀片尺寸 (长 × 宽 × 厚)200mm × 40mm × 4mm；刀片数量 3 把；刀盘直径 560mm；整机重量 160kg(不包括电机)；外形尺寸 (长 × 宽 × 高)950mm × 980mm × 707mm。

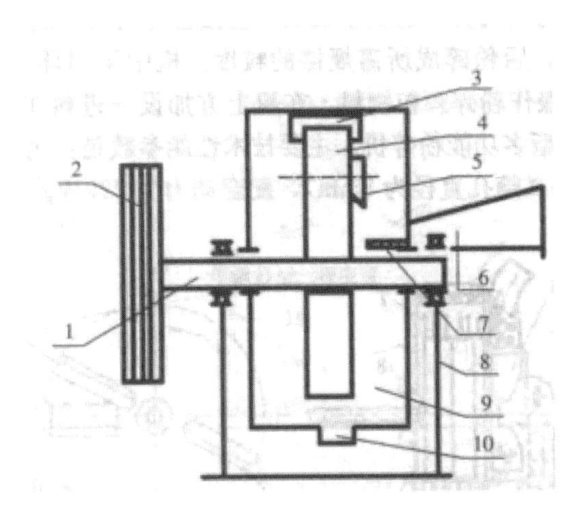

图 5-4 SQ-560 型切秆机结构示意图（1. 主轴；2. 飞轮；3. 叶片；4. 刀盘；5. 动刀片；6. 喂料槽；7. 定刀片；8. 机箱；9. 箱体；10. 出料口）

2. 切秆机的正确使用

（1）机器使用前应检查各处紧固连接件是否牢固可靠、锁紧装置是否上全，有问题应排除后方可运转。

（2）检查刀片是否齐全，动刀片和定刀片都应装有刀垫，动刀片和定刀片之间的调整间隙为 0.3~0.8mm。

（3）开动机器前应盖上机罩，用手缓慢转动皮带轮，观察机器是否有卡住现象，特别是抛送叶片与箱体、机罩是否有间隙，并观察是否有非正常的响声。

（4）切料时，喂料要均匀不可过快，以保证切碎的物料长短均匀一致，便于下一步粉碎加工。

（5）喂料时，注意将物料中夹杂的石头、金属等硬物拣出，切不可混入机内，以防损坏刀片。

（6）新机使用时如发现轴承处温升过高，应即时停机检查。

（7）工作 4h 后，应及时检查动刀片和定刀片是否锋利，必要时磨刀，以保证所切物料的质量。

（8）机器使用后应及时清扫干净，以延长使用寿命。

（9）机器使用一段时间后，应检查三角皮带的松紧度，如太松应及时调整，以保证动力的正常传递。

（10）机器使用一段时间后，应检查滚动轴承，并及时添加润滑油。

（11）机器运输时，要注意避免碰撞喂料槽，并使出料口朝上，以免异物进入机器内部。

（三）培养料搅拌机

WJ–70 型培养料搅拌机如图 5–5 所示，主要由搅拌筒、传动机构、卸料操纵装置、机架等部分组成。

1. 搅拌筒

搅拌筒是搅拌机的工作部件，主要由搅拌筒和搅拌轴组成。搅拌筒活套在搅拌轴上，上方有卸料口和安装在轨道上的活动上盖，可以根据卸料的需要轻便地开闭。

2. 搅拌叶板

搅拌叶板，装在搅拌轴上呈双向螺旋排列，以达到搅拌均匀。

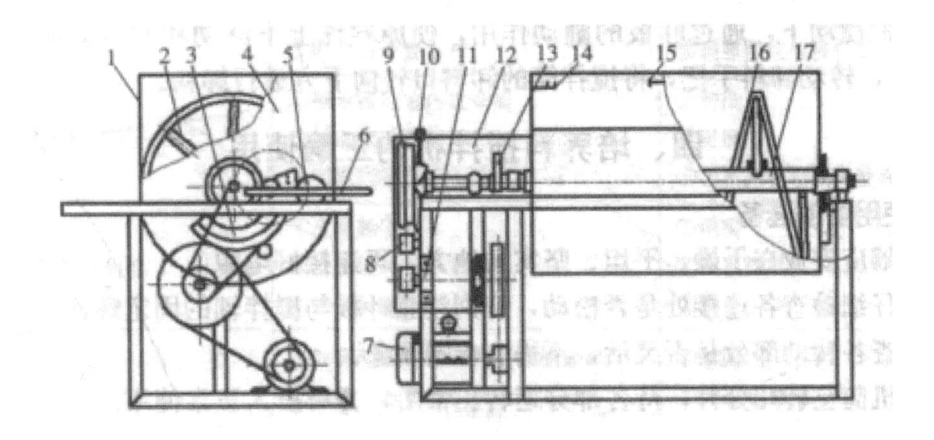

图 5-5 WJ-70 型培养料搅拌机（1. 搅拌筒盖；2. 环带撑杆；3. 扇形齿轮；4. 搅拌筒；5. 卸料齿轮；6. 摇手把；7. 电机；8. 张紧；9. 皮带轮；10. 离合器操纵杆；11. 轴承座；12. 轮罩；13. 传动齿轮；14. 插销；15. 拉手；16. 环带；17. 搅拌轴）

3. 传动机构

传动机构由两对双槽三角皮带轮和一对圆柱齿轮组成。用张紧轮离合器来实现短时间的动力切离。

4. 卸料操纵装置

卸料操纵装置由一副扇形齿轮组成，操纵卸料齿轮轴端的转动把手，带动固定在搅拌筒端盖上的扇形齿轮，将搅拌筒的卸料口转向下方进行卸料，如图 5–6 所示。

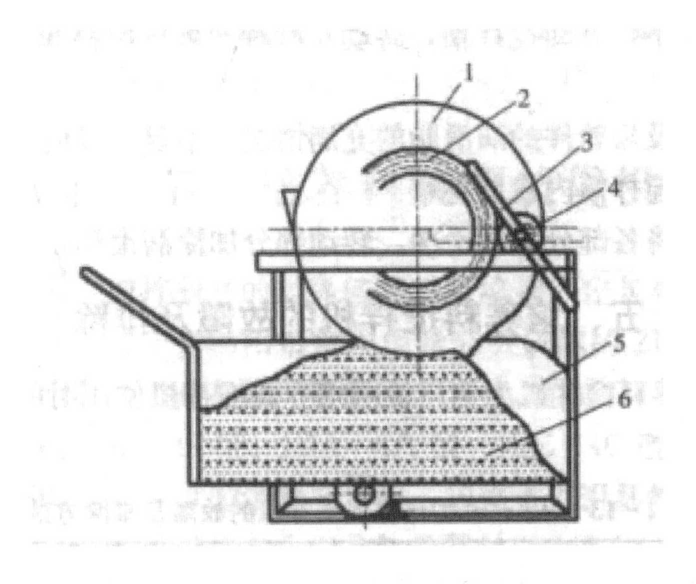

图 5-6 卸料装置（1. 搅拌筒；2. 扇形齿轮；3. 把手；4. 卸料齿轮；5. 装料小车；6. 物料）

第四节 食用菌工厂化生产环境控制及其机械设备

一、食用菌栽培环境条件与设施

（一）食用菌栽培环境条件

温室内栽培食用菌需要一定的环境条件。食用菌生长发育的好坏、产量的高低、质量的优劣，关键在于环境条件对其的适合程度。这些环境条件主要包括温度、湿度、酸碱度、二氧化碳、光照等。要保证食用菌正常生长发育，达到优质高产的目的，就必须了解食用菌生长对环境条件的要求及其各个生产阶段的特点，采取相应的环境控制措施，人为创造有益的生长环境。

1. 温度

温度是环境条件诸因素中最活跃的也是最重要的，它直接影响食用菌的自然分布。在人工栽培中，直接影响各个生长阶段的进程，决定着生产周期的长短和栽培的成败，也是食用菌产品品质和产量决定性因素之一。食用菌不同的种类和品种、不同的生长发育时期对温度的要求都是不同的，如表 5–1 所示，生产者必须据此调节生产场所的温度。

表 5-1 几种食用菌生长发育对温度的需求

种类	菌丝体		子实体分化温度（℃）	子实体发育最适温度（℃）
	温度范围（℃）	最适温度（℃）		
草菇	12~45	32~35	22~35	30~32
银丝草菇	15~36	30~32	12~28	14~22
木耳	4~39	24~28	16~28	24~27
毛木耳	10~36	24~28	24~27	24~27
鲍鱼菇	10~35	25~28	18~32	25~28
盖囊菇	10~35	25~30	20~32	27~29
双孢菇	6~33	22~24	8~18	13~16
香菇	5~33	24~25	7~21	12~18
猴头菇	10~33	22~24	12~24	16~21
银耳	12~35	24~26	18~25	20~23

2. 水分

水分是食用菌细胞的重要组成部分，也是体内代谢、吸收营养、排除代谢物及分泌胞外酶不可缺少的基本物质。水的比热高，又是热的良导体，因而能有效地吸收代谢过程中放出的热量，具有调节细胞温度的作用。食用菌在生长发育的各个阶段都需要水分，在子实体发育阶段更需要大量水分。据测定，菌丝体含有 70%~75% 的水分，子实体含有 90% 左右的水分。

3. 湿度

空气相对湿度是影响培养料含水量、子实体分化及发育的重要因素。食用菌在不同生长阶段对空气湿度的需求不一样，一般呈前低后高的规律。菌丝体生长阶段的适宜空气湿度为60%~70%；在子实体分化阶段，提高培养料表面的空气湿度，可促进分化速度；在子实体生长阶段，空气湿度应提高至85%~90%。空气湿度低，会使培养料大量失水，阻碍子实体的分化或使子实体的生长停止，严重影响食用菌的品质与产量。如平菇菇房的空气湿度低于60%时，子实体的生长就会停止；当空气湿度降至45%以下时，子实体不再分化，已分化的菇蕾也会变枯死亡。但菇房的空气湿度也不宜超过95%，空气湿度太高，不仅易染致病虫害，还不利于菇体的蒸腾作用，影响细胞原生质的流动和营养物质的运转，而导致菇体发育不良或停止生长。如双孢菇子实体长时间处在高湿环境中，就易产生锈斑菇和红根菇。

4. 氧与二氧化碳

食用菌是好气性真菌，在生长发育过程中，要吸进氧气，放出二氧化碳。因此，栽培中需要通风，以排出二氧化碳，补充氧气。大气中氧的含量约21%，二氧化碳含量约0.03%。当氧气不足时，食用菌代谢活动减缓，长速变慢。特别是子实体生长发育期间，氧气的作用更加明显，氧气有明显的促进菌盖生长的作用，氧气不足时子实体发育不良，甚至使子实体原基不能分化。二氧化碳在一定范围内有促进菌丝生长的作用。因此，发菌期间通风问题不显著。

5. 光照

食用菌不含叶绿素，不进行光合作用，也就不需要光源来合成自身生长发育所需的营养。食用菌的菌丝生长不需要光，光对菌丝体生长有抑制作用。实践表明，平菇菌丝在300~600lx的光照下，较在完全黑暗的条件下生长，菌落直径小2cm左右。但是，在这一光照条件下，菌落的菌丝较为密集、粗壮。在强光下培养食用菌，则由于阳光造成的水分急剧蒸发，基质含水量和大气相对湿度降低，都不利于食用菌的生长。因此，食用菌不能栽培在阳光直射的露天，而必须有一定的遮阳条件，如菇房、温室、塑料棚、遮阳棚、树荫林间等。

6. 其他

与食用菌生长发育有关的因素还有许多尚未研究明了的因子，如地心引力，子实层的自然正向地性生长和菌柄的负向地性生长。食用菌的子实体对某些污染物非常敏感，如一氧化碳、硫化氢、二氧化硫等。当这些有害气体达到一定浓度时子实体则不能正常生长，原基不分化，菌盖不伸展，菌柄加粗，菌盖表面出现疣状物或纤毛，色泽变暗变黄，甚至枯萎死亡。因此，食用菌栽培须远离化学气体污染严重区，用煤炉加温时必须安装烟筒。

（二）食用菌栽培的设施

1. 菇房

菇房是室内栽培食用菌的场所。菇房必须通风换气良好，保温、保湿性能好，光照充足。菇房应建在距水源较近、周围开阔、地势较高、利于排水的地方。方位应坐北朝南，有利于通风换气，冬季还可提高室内温度。屋顶及四周墙壁要光洁坚实，除通风窗外尽量不留缝隙，地面应是水泥地或砖地，以利于清扫和冲洗消毒。通风窗应该钉上纱网，以防老鼠、害虫蹿入。必须有良好的通风换气设备，房顶上设置拔风筒，墙壁开设下窗和上窗，门和窗应该对着走道或床架空当，避免外来风直吹床面。菇房还应设置喷水和调温装置。菇房的类型分为地上式、地下式和半地下式三种。

（1）地上式菇房

地上式菇房是目前栽培食用菌最基本的一种设施（图 5–7），菇房一般长 8~10m、宽 8~9m、高 5~6m，屋顶装有拔风筒，前后装设门和窗，地窗高出地面。一般 4~6 列床架的菇房可开 2~3 道门，门宽与走道相同，高度以人可进去为宜。

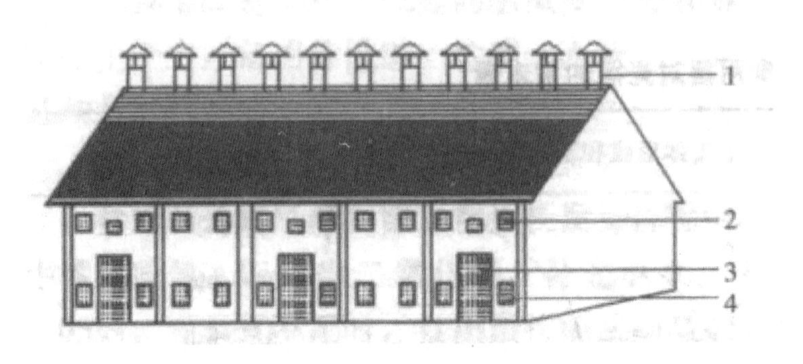

图 5-7 地上式菇房（1. 拔风筒；2. 上窗；3. 门；4. 下窗）

（2）地下式菇房

建在地面以下的菇房适于北方寒冷地区。室内气度温度变化较小，易保温保湿，冬暖夏凉。但是出入不方便、通风换气较差，必须安装抽风排气设备（图 5–8）。利用地窖、人防地道、山洞和地下室改建的菇房亦属此种类型。

（3）半地下式菇房

半地下式菇房一半建在地上、一半埋在地下，兼具地上式和地下式优点，但也有通风换气较差和出入不便的缺点（图 5–9）。为此，房顶每隔 2m 左右，应设置 1 个 40cm 粗的拔风筒。

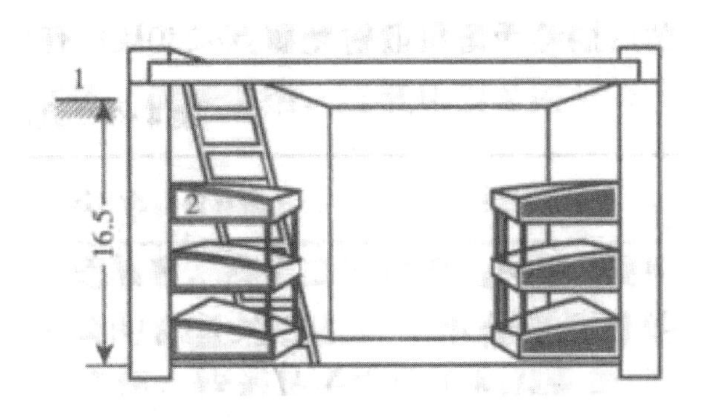

图 5-8 地下式菇房（单位：m）（1. 地面；2. 床架）

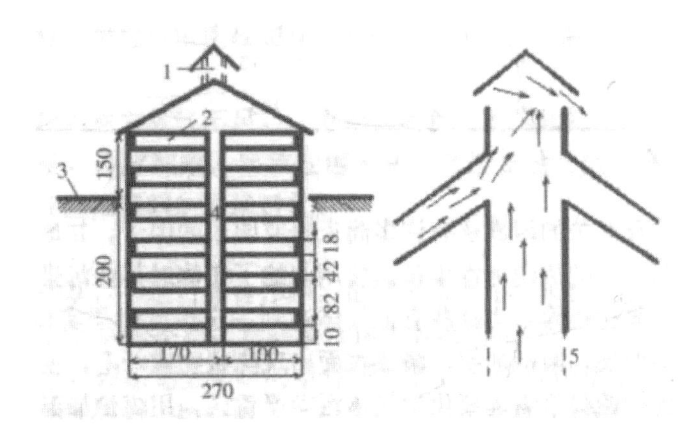

图 5-9 半地下式菇房（单位：cm）（1. 拔风筒；2. 菇床；3. 地面；4. 通道；5. 拔风筒放大）

2. 塑料薄膜菇棚

采用塑料薄膜大棚代替菇房栽培食用菌，类似于塑料大棚内种蔬菜。它具有建造容易、成本低廉、保温保湿性好、能利用太阳能、有散射光以及容易造成昼夜温差等优点。目前，这种栽培设施在食用菌生产中应用已越来越普遍。

塑料薄膜菇棚结构形式多样，常用的有两种。

（1）框架式薄膜菇棚

框架式薄膜菇棚，又称拱式薄膜菇棚。建棚地点要求能避风，冬季向阳，夏季可遮阳。棚架材料可用竹、木或废旧钢材，框架高 2.8~3m，周边高 2m 左右，长 12m，宽 4~5m，顶部搭成弧形斜坡，以利流水。框架搭好后覆盖聚乙烯薄膜，外面再盖上草帘，以防阳光直晒，并有利于控制棚内温度。东西侧棚顶各设 1 个拔风筒，棚的东西两面正中开门，门旁设上、下通风窗。棚外四周1m左右开排水沟，挖出的土用来压封薄膜下脚（图5-10）。

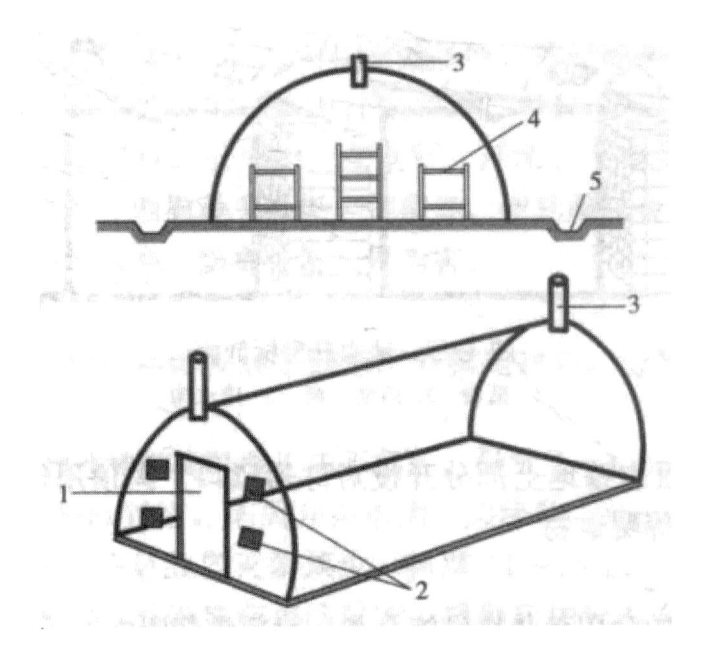

图5-10 框架式薄膜菇棚（1.门；2.通风窗；3.拔风筒；4.床架；5.排水沟）

（2）墙式薄膜菇棚

墙式薄膜菇棚（图5-11、图5-12），又称薄膜日光温室。适合于北方寒冷地区。菇棚方位要求坐北朝南，光照充足。一般宽5~7m、长30~50m，包括后墙、东西山墙、后坡、前坡、拱梁、门、通风口和防寒沟等结构。

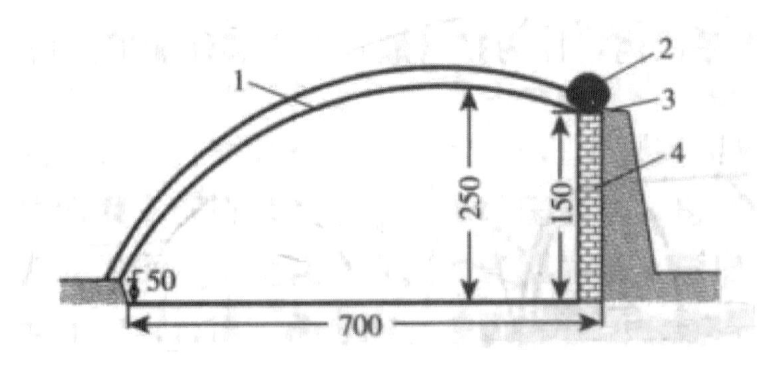

图5-11 墙式薄膜菇棚横向剖面（单位：cm）（1.拱梁；2.草帘；3.后坡；4.后墙）

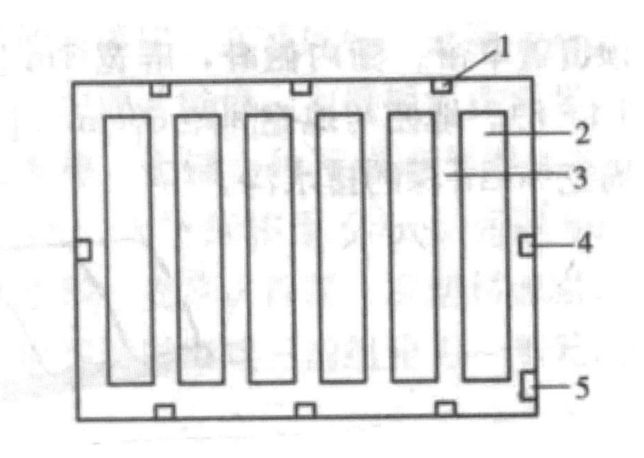

图 5-12 菇棚内畦床排列及通风口设置（1. 通风口；2. 畦床；3. 人行道；4. 通风口；5. 进风口）

3. 地沟菇房（棚）

地沟菇房是平地挖沟建造的，四壁和地面都是泥土的简易栽培设施。由于土壤是热的不良导体，有利于降低外界温度的干扰，保温性好；又由于土壤是水分的良好载体，具有很强的持水能力，有利于保湿。目前，地沟菇房在河北、山西等地冬季栽培姬菇和金针菇时已普遍应用。地沟菇房的建造形式，一般有地下式和半地下式两种。

（1）地下式

地下式地沟菇房东西走向，宽 1.6~2m（窄型）或 2.5~3m（宽型），沟长视地形和需要而定，一般为 10~30m，沟壁高 2~3m。地沟上架设水泥拱形梁或竹、木弓架，每隔 2~3m（竹木弓架为 1m）用铁丝固定 1 根横梁，然后覆盖薄膜，薄膜外用弓形竹片压紧固定。房顶每隔 3~4m 开设 1 个 30cm × 40cm 活络天窗，或在菇房两侧开设出口风管，或在拱棚薄膜与沟壁间留有孔洞。最后在拱棚上覆盖草帘。在两菇房之间和四周开排水沟（图 5–13）。

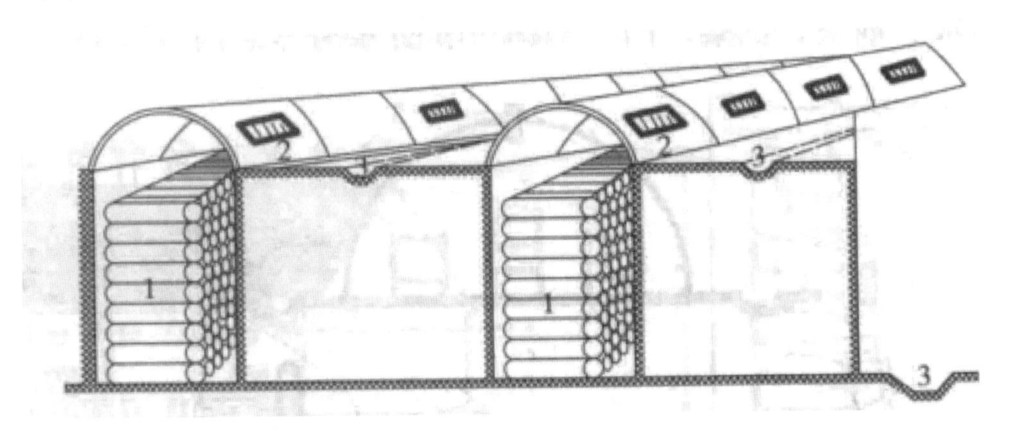

图 5-13 地沟菇房横剖面（1. 菌袋；2. 活络天窗；3. 排水沟）

（2）半地下式

河北各地多建造半地下式地沟菇房，地沟东西走向偏东 5°~8° ，长 8~10m，南北宽 3~5m，地下深 1m，挖出的土拍夯成沟壁的地上部分，棚内最高处 2m，沟北高南低呈 30° 角，东西沟壁地上部分开设对称通风口。沟顶用竹或木做顶架，薄膜封盖，外加盖草帘或秸秆等覆盖物。

4. 地棚

地棚是一种最简易的食用菌栽培设施，与一般薄膜菇棚比较，具有搭建简便、取材容易、成本低廉等优点。地棚一般宽 1~2m，中间放置草砖，长度依场地大小而定。畦上用竹片搭成弓形棚架，两侧用竹竿（或木棒）固定，棚高 50~70cm。棚上覆盖塑料薄膜，四周用土压牢，棚顶覆盖草帘。棚内做畦，畦宽 1m 左右，畦四周沿畦壁挖宽、深各 10cm 的灌水小沟（图 5-14）。地棚与地棚间距 60cm，中间挖 1 条浅沟，作为排（灌）水沟和作业道。场地四周挖 50cm 深的排水沟。

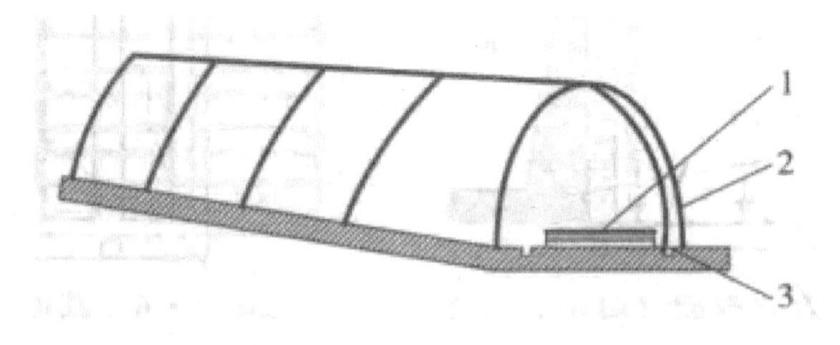

图 5-14 地棚示意图（1. 草砖；2. 地棚；3. 灌水小沟）

5. 阳畦

阳畦是北方地区简易而实用的食用菌栽培设施。选择向阳、地势高燥的地方，按东西向做畦。一般畦宽 1m、长 3~5m、深 30~50cm。畦框坚实，框壁要铲平，并抹上麦秸泥。畦北沿筑 30cm 高的矮墙，畦南沿筑 15cm 高的矮墙。畦上自东向西每隔 30cm 设置 1 根竹木椽子，以便覆盖塑料薄膜和草帘。畦四周挖 1 条排水沟（图 5-15）。

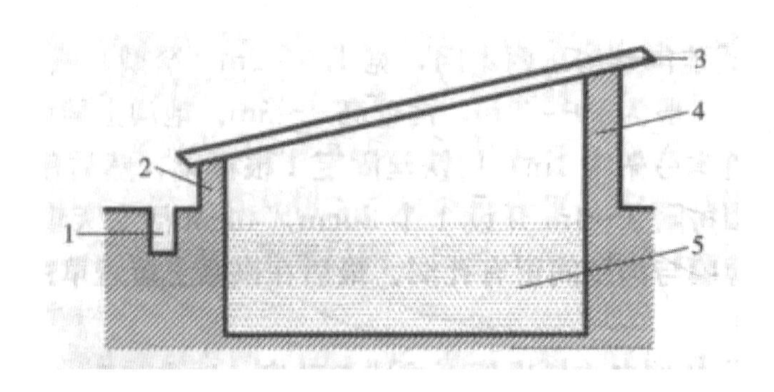

图 5-15 阳畦示意图（1. 排水沟；2. 南墙；3. 椽子；4. 北墙；5. 培养料）

6. 荫棚

荫棚，又叫草棚，是夏秋季室外栽培食用菌的场所。棚架高度一般为 2~2.2m，以人在棚下行走方便为宜。主柱用竹、木、水泥杆做骨架，埋在地下要打牢固，防止风吹倒塌。棚顶用横梁固定，覆盖树枝、玉米秸、高粱秆、芦苇、茅草等遮盖物，达到“三分阳、七分阴”的光照，亦可在四周种上瓜果、葡萄等，使其藤叶蔓延伸到棚顶遮阴。荫棚四周要围篱笆、挂草帘防风御寒，防禽、畜入侵为害。

7. 室外露地栽培

我国地少人多，不少地区陆续发展了蘑菇室外露地栽培，分别在水稻田、甘蔗田栽培，也都获得了较好效果。

（1）稻田蘑菇栽培

选地势较高的壤土田平整后，做宽 1~1.3m、深 20cm、长不限的南北向畦床，两畦间留 33cm 过道，四周开排水沟，边缘留 40cm 走道。铺料前在畦面喷 800 倍多菌灵和 500 倍敌敌畏灭菌杀虫。料厚 14~15cm。气温 25℃左右时播种。盖上草帘和塑料薄膜，畦四周投毒鼠药饵防鼠害。播种后如料温在 26℃以上，须揭开两端的草帘和塑料薄膜进行通风。

（2）蔗田蘑菇栽培

蔗田栽培蘑菇是在甘蔗生长后期，于绿叶层之下至蔗沟的空间搭建成简易的菇房。选择甘蔗密、直、壮、高的新蔗田。在通风好、遮阴度高、土层厚、水利方便的田块，以蔗茎为菇床和菇房的支柱，用蔗叶把竹、木棍捆扎在蔗茎上做菇床的纵柱。在两纵柱上每隔 50cm 横放一根竹竿或木棒，上铺小竹竿或芦苇即成菇床。床宽视甘蔗行距而定，一般为 1m，下层床架离畦面 5cm，上下床相距 60cm。每隔 4m 左右用两根木棍搭成人字形支撑菇房脊梁，房顶盖蔗叶或稻、麦草，再覆一层塑料薄膜。菇房四周先围一层地膜再围蔗叶屏障为墙。蔗田菇房目前普遍以四畦三沟组建为一单元，中间沟作为人行道，两旁沟上搭两层四床的菇床。

二、食用菌工厂化生产环境控制与设备

（一）食用菌工厂化生产厂房的布局设计

食用菌工厂化生产是指食用菌整个生产过程实现了生产操作机械化、生产工艺标准化、生长环境控制自动化、产品供应周年化。如何确定工厂化生产的厂房布局、各功能区域的面积是否合理，这不仅涉及加工对象，还与物料条件、生产规模、生产种类和质量要求以及经济条件等密切相关。在工厂设计时，首先要确定生产规模、设备方案、生

产种类，之后须严格计算设备的置放空间、菌种生产数量及堆放位置、面积等。每个功能室按照工艺流程因地制宜进行布局。

1. 厂房的布局应遵守的原则

（1）利于创造食用菌生长发育的环境条件

食用菌生长发育的环境条件主要是温度、大气相对湿度、光照和通风，无论采用哪类菇房，都要利于这四大要素的人工调节。

（2）利于病虫害的控制

这主要体现在菇房要大小适当，以便于病杂菌或虫害发生时的处理。另外，与外界直接交换处如门、窗、通风孔等要安装窗纱，以阻止外来虫源进入。

（3）便于操作和提高工作效率

适宜的菇房和设施，出入方便，运输顺畅，操作自如，工作效率高。如通道平坦无障，宽窄适度，床架高度和层距适中，都便于货物的运出，便于操作，提高工作效率。

2. 厂房的布局与设计

根据食用菌菌种生产、示范栽培及产品购销等方面的需要，生产场所应包括制种、栽培、仓库管理等几大功能区。

（1）制种生产区

与配料→灭菌→接种→培养工序相对应的场所是：配料灭菌车间、冷却室、接种室、培养室。这四部分必须连贯起来形成“一条龙”式的流水作业线，以提高工作效率。配料及灭菌室为有菌区，冷却室、接种室为无菌区。灭菌罐最好设双门，一门与有菌区相通，以便装罐灭菌；另一门与无菌区相通，以便出罐降温，两侧的罐门不能同时开放，以保证无菌区洁净。培养室内设多层培养架，除人行及运输过道外，培养架占地面积为培养室总面积的65%。冷却室要有通风降温装置。培养室要有暖气及空调设备。每天菌种的生产量同冷却室、接种室和培养架的比例大约为500:5:1:60。设每天生产2000瓶（袋）菌种，冷却室面积约需20m^2，接种室面积4m^2，培养架面积约24m^2。

（2）原料贮备区

食用菌生产原料一般都是农林副产品和下脚料，体积大，尘埃多，且隐藏火患。因此，原料贮存区与制种生产区必须隔离。此外，种瓶等不少器具需要洗刷，拌料袋（瓶）须用机电。因此，配料及装瓶（袋）区必须设置水、电源、洗涤池、排水道，力求布局合理、使用方便。

（3）辅助设施区

食用菌生产要求卫生洁净，因此制种区应远离生活区，如堆煤场、锅炉房、食堂、浴室、公厕等。此外还要搞好环境绿化。

（4）示范栽培区

为试验新品种、探索新技术，须设示范栽培区。栽培室（场）应远离菌种生产车间，尤其不能与接种室、培养室和菌种库相邻。因为出菇时子实体散发的孢子（尤其栽培平菇更应注意）及所发生的病虫害会污染环境。此外，须设废料及垃圾处理区。

（5）办公管理区

规模稍大的食用菌企业都有产品购销业务。办公管理区要设在适当的地方，以方便购销业务。

（6）产品加工区

食用菌采收后需要加工，以便保存及销售。常用的加工工艺有干制、制罐、盐渍等，要进行这些加工，就得配备相应的加工设施。

（二）食用菌工厂化生产环境控制

在食用菌生产过程中，栽培环境监测是一个非常重要的环节。食用菌栽培环境监测系统通过传感器，针对各点的温度、湿度、光照、pH 值、气压等参数数据进行实时采集，详细记录、存储食用菌生长环境参数数据，使栽培者能及时了解食用菌的生长环境，对栽培环境相应的栽培条件进行有力、有机、合理、科学的管理，可以为栽培者节省大量人工操作和电力消耗，提高食用菌成活率、质量，达到增产、节能、减轻工人劳动强度的效果。食用菌工厂化生产环境控制系统由计算机控制系统和数据检测系统及回控系统组成。计算机控制系统模型如图 5–16 所示。

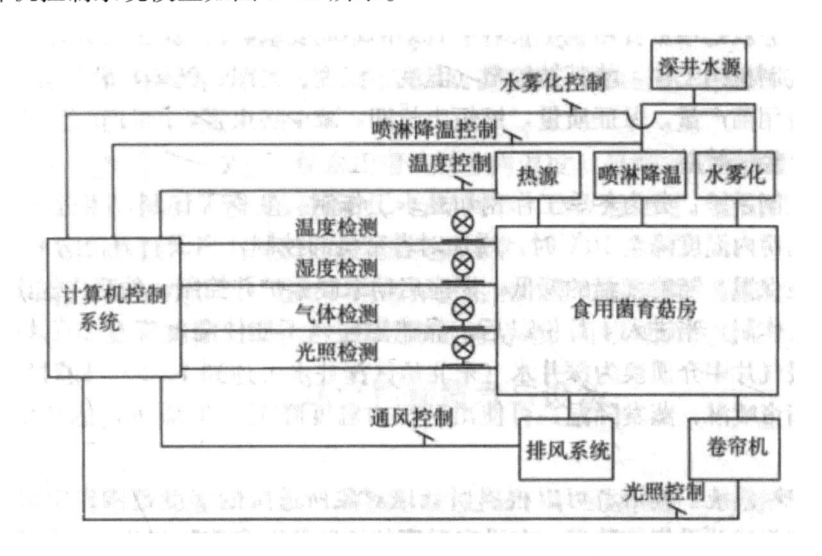

图 5-16 工厂化生产食用菌计算机控制系统模型

1. 数据检测系统

根据食用菌对生产环境的要求，应对培养基及出菇温室的温度、湿度、光照强度、二氧化碳含量等物理量随时进行检测，由温度传感器、湿度传感器、光敏传感器、气敏传感器组成。为全面掌握温室及培养料的情况，对每一物理量的检测应设有足够的检测点。检测信号传给计算机做进一步处理。

2. 回控系统

计算机控制信号传给回控系统，对出菇温室的温度、湿度、光照强度、二氧化碳含量物理量进行控制。为提高控制精度，上述四个物理量均采用连续控制方式。

3. 计算机控制系统

（1）硬件系统

主机采用抗恶劣环境、耐用、可长时间连续工作的工业控制计算机以及必要的电源、打印记录、声光报警、输入输出接口电路组成。

（2）软件系统

在食用菌的出菇阶段，对环境的温度、湿度及光照、二氧化碳含量要求比较复杂，也很严格。出菇阶段分为菌丝扭结期、菇蕾期、伸展期、开伞期。在食用菌出菇的这四个时期，对温度、湿度、光照、二氧化碳含量的需求差别较大，多数食用菌品种在菇蕾期要求变温刺激、增大湿度、适当的光照强度和充裕的氧气含量。软件控制系统如图 5–17 所示。

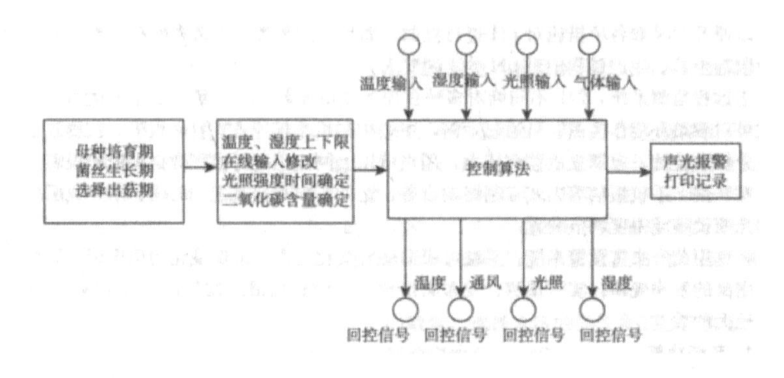

图 5-17 软件控制系统

软件的任务就是根据食用菌生长各个时期的不同要求，按最优控制算法，输出控制信号，操纵各控制机构工作，使其被控量（温度、湿度、光照、气体）满足食用菌最佳生长条件，提高食用菌产量，保证质量，缩短生长期，减少病虫害，同时节能、节水，提高单位面积的生产经济效益。

4. 系统功能

（1）显示

系统随时显示食用菌培养室中的空气温度、空气湿度、光照强度、二氧化碳浓度、热源温度、热源工作状态、水源供水状态等信息。

（2）控制

计算机输出的控制信号息给各执行机构，各执行机构操纵供热装置、供水装置、光源、通风换气设备。

（3）报警

在外界条件变化，使食用菌培养室内温度、湿度、光照强度、二氧化碳含量等条件偏离食用菌生长所允许的范围时，自动调节；难以胜任时，发出报警信号，提示工作人员做人工辅助操作，尽快使该项参数恢复正常。

（4）在线修改参数功能

为适应不同品种食用菌出菇时对温度、湿度、光照、气体等环境条件的不同需要，系统具有在线修改参数的功能，可以灵活改变各个参数。

（三）环境控制技术与设备

1. 净化

（1）由高压离心风机送入空气，净化新风经过初、中效过滤后，再由冷却室和接种室的高效过滤风口送入，连续循环，达到室内净化。冷却室和接种室要求达到 1 万级洁净度，并形成正压，防止外气倒流。

（2）对进入冷却和接种区域的人员进行风淋达到洁净要求，减少外面灰尘和杂菌随着人员进入而带入。

（3）在接种机的上方安装层流罩，使接种局部区域达到 100 级洁净度，保证接种区域充分洁净，提高接种成品率。

（4）自净器在冷却室和接种室安装带高效过滤器的净化设备，室内空气经自净器高效过滤装置的连续循环，达到室内的净化。

2. 制冷（加热）

不同食用菌品种有各自适宜的培养温度和出菇温度，食用菌工厂化生产就是创造一个最适宜的环境条件，满足培养和出菇需要。制冷（加热）和通风设备是食用菌工厂化生产中的关键设备，投入大、对技术要求高。目前许多企业开发了智能化控制系统，实时采集、监控培养和栽培期间参数的变化，并及时预警，为食用菌创造优化的生长条件。

（1）在室内机的出风口安装电加热管，通过室内风机送到室内，起到加热作用。

（2）蒸汽加热适合北方寒冷地区使用，蒸汽直接通入栽培室，起到加热和加湿作用。

3. 通风换气

食用菌工厂化生产是处于高密度、封闭环境的培养和出菇，在菌丝培养和子实体生长阶段产生大量的二氧化碳和其他代谢产物以及大量的热能，因此通风条件的优劣直接影响到菌丝的营养积累和对杂菌的抵抗能力，最终影响到产品的品质与产量。菌丝培养和出菇，要有合理的放置密度，既要充分利用空间，又要使所有的瓶处于良好的通风换气环境中，菌丝与菇体呼吸产生的热量及二氧化碳及时排出，保证每瓶均能产出高品质的产品。常用的通风设备有换气扇、热交换器和空调箱。

（1）换气扇根据房间的大小和放置瓶子的数量，选择合适的换气扇型号和数量，保证有足够的风压和风量，快速地送、排风，达到设定的二氧化碳浓度。

（2）热交换器使新鲜空气和室内空气进行热量交换后，通过送风管送入栽培房间，起到减少空调负荷从而节能的目的。

（3）空调箱制冷（加热）和新风送入组合机组。新风通过机组制冷或加热，再通过风管送入培养室或栽培室，进入的新风温度和室内温度比较接近，避免室内过冷、过热，同时新风通过分布在室内的风管送入，均匀度更高。

4. 加湿

水是食用菌生长的最重要的环境因素之一。水作为各种生理代谢的媒介，与食用菌的生长和发育紧密相关。除了在培养料配制时达到足够的含水量外，菌丝培养和出菇阶段必须保持一定的相对湿度，使基质的含水量维持在与环境水分相互扩散的动态平衡中。目前工厂化生产的加湿方法主要有离心增湿机加湿、超声波加湿、高压微雾加湿和蒸汽加湿等。

（1）离心加湿机

其原理是水通过进水阀流入桶内，吸水头把水吸到离心甩盘上（雾化盘），由高速旋转着的甩盘依靠离心力作用形成微小水滴甩出，被甩出的微小水滴经过雾化栅环进一步破碎、雾化，形成“雾气”，再由风叶把它吹送出去。

目前为食用菌生产制造的这种专用增湿机有 ZSM-2 型（如图 5-18），其主要性能技术规格为：使用电压 220V、功率 40W，增湿量 2.5L/h，雾化盘转速 2800r/min，外形尺寸 350mm × 330mm × 360mm，净重 8kg，工作方式为连续，断水方式为自动。

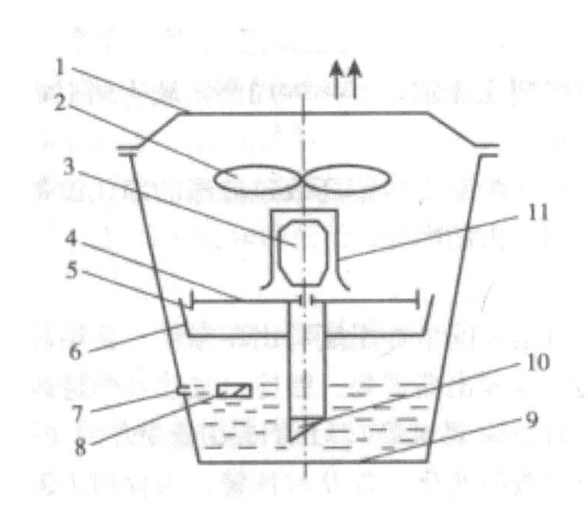

图 5-18 ZSM-2 型增湿机（1. 风叶罩；2. 风叶；3. 电动机；4. 雾化盘；5. 雾化栅环；6. 底盆；7. 进水口；8. 水位控制器；9. 桶体；10. 吸水头；11. 电动机罩）

（2）电极式加湿器

电极式加湿器，用三根不锈钢（或铜）棒作为电极，安在不易锈蚀的水容器中，以水作电阻，金属容器接地，三相电源接通后电流从水中通过，水被加热，而产生蒸汽，蒸汽由排出管道到达待加湿的空气中。水容器的水位越高，导电面积越大，则通过的电流越强，产生的蒸汽量就越多。因此，可以通过改变液流管高低的办法来调节水位高低，从而调节电流及蒸汽量，加湿量 1~4kg/h。优点是简单、制作方便，缺水时不会损坏电热元件；缺点是电极和内箱要经常清洗除垢，否则电阻过大，使功率降低而影响正常工作。

（3）超声波加湿器

超声波加湿振动子产生的雾粒，直径小于 5μm，加湿效率高，加湿后不产生滴水现象，对水质要求较高，需要软化处理，去除水中的水溶性无机物和杂质，振动子的寿命在 5000h 左右，须定期更换，是食用菌工厂化生产中应用最广泛的加湿设备。超声波加湿器的工作原理是高频率的超声波振荡，使水变成雾状，雾滴小，效率高。

（4）光照

食用菌工厂化生产是在全封闭环境下的立体栽培，在菌丝培养期间不需要光照，但在出菇过程中必须保持一定的光照强度，诱导原基形成和提高整齐度。普遍使用的是日光灯，具有节能效果的 LED 灯在金针菇及杏鲍菇上也逐步被使用。

（四）食用菌工厂化生产配套机具

1. 大型食用菌厂工厂化生产的机具配置

大型食用菌厂工厂化生产要求自动化程度高，整个生产过程机械操作按一定程序进行。国内的食用菌工厂化生产设备以江苏省连云港国鑫医药设备有限公司和连云港市农机试验推广站研制的食用菌工厂化生产成套设备为主，该设备在性能和质量上达到国内外同类产品先进水平。该成套设备采用瓶栽方式的自动化作业，实现了食用菌生产过程中的自动装瓶、自动接种、自动搔菌、自动挖瓶等作业，加上蘑菇灭菌器，采用了现代的光电一体化控制技术、气动控制技术和现代的机械加工工艺，自动化程度高、性能先进、安全可靠，适用于现代工业化生产食用菌，是现代食用菌产业的必备设备。

（1）自动搔菌流水线

生产流程为：先由去盖清洁机取出并清洁瓶盖，然后在搔菌机上翻转搔菌，再输送到加水机加水，最后由输出辊道将菌筐输出。整个工序一气呵成、连贯通畅，搔菌时间短，生产效率高，搔菌彻底，通过调整刀头高度，使各个菌瓶的搔菌深度一致性好，出菇品质好。对于不同的培养基，在软件控制上实现刷盖时间、搔菌时间和加水时间的自由调整，从而满足不同的搔菌效果和加水量要求。

（2）自动装瓶机

该机可实现传送、推筐、抬筐、振动和搅拌、捣洞、传送、压盖等整个工艺流程的自动化。不同颗粒性和潮湿度的培养基，能实现装瓶质量上的均匀性。多种程序可选，电气控制上选用 PLC 控制系统，并采用了人性化的 PT 显示终端，具有操作简单、能实时状态显示等优点。

（3）自动固体（液体）接种机

自动接种生产线由输送机、接种机、输出辊道及振动机组成。接种机主体由压盖气缸、启盖机构、种菌漏斗、菌种瓶稳压旋转机构（固体接种）或管路系统（液体接种）、挖菌刀进退刀旋转机构（固体接种）或喷头种菌机构（液体接种）、接菌漏斗（固体接种）、机架、气动系统机构、电气自动化（PLC）控制箱等组成。自动接种机设计方案将接种结构一分为二，即固体接种和液体接种两种方式，而其他结构完全相同，满足国内市场的多方面需求。

（4）自动挖瓶机

自动挖瓶机由机架体、升降刀架、翻转筐架、定瓶架、电器系统组成，具有节省人力、劳动强度低、工作效率高、挖瓶质量好等特点。它能自动实现压瓶、翻转、定位、压紧、挖刀上升、挖刀下降、翻转松瓶等工序要求的动作，可一次清除 16 瓶菌瓶内的培养基。在挖瓶工艺流程上采用整瓶分段往复式的工艺流程方案，对不同的菌料瓶都能保证彻底清除干净。在操作方式上采用自动和按键两种控制方式，挖瓶时间、次数可以设定和选择，增强了产品使用的灵活性。

（5）自动装袋机

自动装袋机主要由机架、装料转盘机构、捣杆机构、推盘机构、抱袋机构、定位机构、阻尼机构、搅拌机构及若干辅助机构组成。

（6）蘑菇灭菌器

蘑菇灭菌器的技术路线为：①蒸汽通入灭菌器室内，加热被灭菌物；②通过真空泵抽取灭菌器室内空气，使其达到规定的真空度；③重复①、②的过程，达到设定的次数；④将蒸汽通入灭菌器室内，加热被灭菌物，在设定的灭菌温度下保持设定的灭菌压力及设定的灭菌时间，达到灭菌目的；⑤排放出灭菌室内蒸汽；⑥通过真空泵抽真空和回流空气对被灭菌物进行干燥；⑦重复⑤、⑥的过程，达到设定的次数。该工艺极大地缩短了灭菌时间，使被灭菌物品的加热更加均匀，彻底灭菌，灭菌物品的损耗低。合理的控制方法使系统获得更高的稳定性。自动传感器故障报警使系统维护更加轻松。

2. 中型食用菌厂工厂化生产的机具配置

一般中型食用菌厂日生产能力为2000~3000瓶（袋），所用加工设备有枝条切片机、粉碎机、搅拌机、装瓶（袋）机、消毒灭菌设备、烘干设备等。

3. 小型食用菌厂工厂化生产的设备配置

小型食用菌厂一般以食用菌生产专业户为主，他们置用机具的形式，主要以生产自栽菌棒为主，一般自备一台装袋机，几家联合购买一台切片机和一台粉碎机，采用轮流作业互相帮工的方式进行生产。这些专业户一般年制作1万袋左右的菌棒，也可部分出售。

第五节 食用菌病虫害防治机械设备

一、食用菌病虫害防治设备

（一）黑光诱虫灯

自然界的光有不同的波长，在这些不同波长的光中，人们的眼睛只能看到波长为400~760nm的光波，这种光波叫可见光。此外，还有人们眼睛看不到的光，就是波长大于760nm的红外光和波长短于400nm的紫外光。波长为320~400nm的近紫外光线，人们通常叫作“黑光”。治虫使用的黑光诱虫灯（俗称黑光灯），实际上就是一种近紫外线灯。它能发出害虫喜欢的近紫外线光，利用这种光线诱杀大量有趋光性的害虫。这种捕杀害虫的方法简单易行、成本低、诱杀面大、无环境污染现象。

1. 构造及工作原理

（1）构造

黑光灯按供电性质有直流和交流两种。按功率大小有 3W、6W、12W 等类型。

直流黑光灯有多种功率，但构造大同小异，主要由灯管、变流器、灯架、电池盒、灯雨罩、灯座、玻璃等部分组成（图 5-19）。

交流黑光灯主要由灯管、镇流器、灯雨罩、灯座、灯架、启动器等部分组成，使用方便、寿命长，但需要交流电源（图 5-20）。

（2）工作原理

黑光灯是由电源供电，发出近紫外光，当害虫见到这种光后即朝此飞来。灯架下放置水盆，在水表面放一些煤油或农药，飞来的害虫见到水盆里的光，即窜入水中淹死，从而达到治虫的目的。

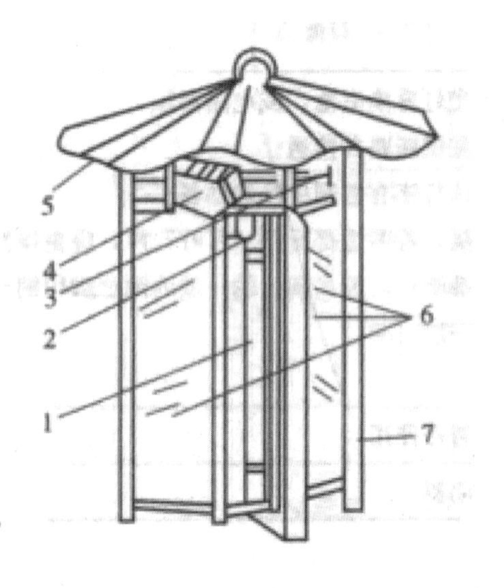

图 5-19 直流黑光灯（1. 灯管；2. 灯座；3. 电池盒；4. 变流器；5. 灯雨罩；6. 玻璃；7. 灯架）

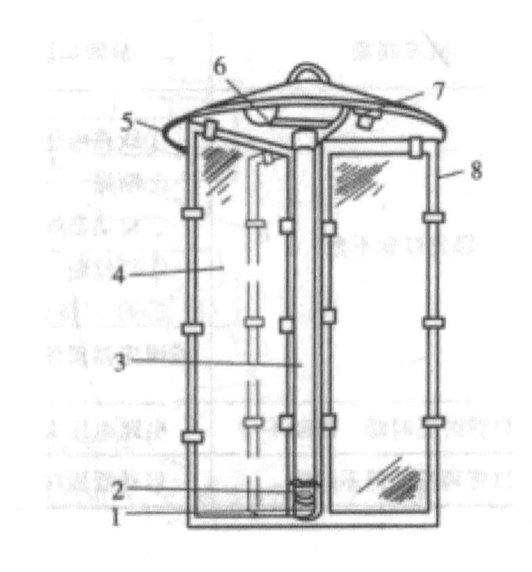

图 5-20 交流黑光灯（1. 灯座；2. 橡皮胶圈；3. 灯管；4. 挡虫玻璃板；5. 防雨罩；6. 镇流器；7. 启动器；8. 框架）

2. 使用注意事项

（1）直流黑光灯要按正、负极装上干电池（正、负极不可接错）。一般设有高、低两挡拨动开关。更换一次新电池，若每夜使用 4h，低挡（向上拨动），可使用 18~20d；高挡（向下拨动）可使用 10~12d。交流黑光灯须架设电线。开启电源开关，即可使用。

（2）干电池在使用末期，为增加光通量，可把拨动开关拨在高挡上。

（3）水盆应足够大，要放足水并在水上加点煤油或农药。

（4）电源接通后，如变流器有轻微响声，而灯管不亮，应立即关闭电源，检查灯座两根电线是否松动或胶合。排除后，再开启电源。

（二）高压杀虫灯

高压杀虫灯，是在黑光诱虫灯的外围装上高压电网，使诱集来的害虫触及高压电而死亡，提高杀虫效果。但是只宜在有交流电源的地方使用。

1. 构造及工作原理

（1）构造

高压杀虫灯型号较多，其结构都是在黑光灯外围装设高压电网，取消了黑光灯下的水盆。它主要是由黑光灯诱虫装置和高压触杀装置两部分组成（图 5-21）。黑光灯诱虫装置由黑光灯管、镇流器和启动器组成，其作用是引诱害虫飞来。高压触电装置由高压电网、高压变压器和保护灯泡组成。高压变压器是将 220V 交流电升高到 4kV 供给电网使用，电网具有特殊几何形状，以达到最大捕杀效果。高压变压器一侧绕组串联 100W 灯泡，防止电网短路烧毁变压器，同时起着短路指示的作用。

（2）工作原理

高压杀虫灯同样是利用黑光灯发出的近紫外光，来诱杀害虫，不同的是有高压电网，害虫触碰电网后电流通过虫体而被杀死。工作原理如图 5-22 所示。

图 5-21 高压杀虫灯（1. 电网；2. 安全网；3. 高压变压器；4. 光电控制按钮；5. 雨水控制手柄；6. 黑光灯管；7. 防雨罩；8. 电线）

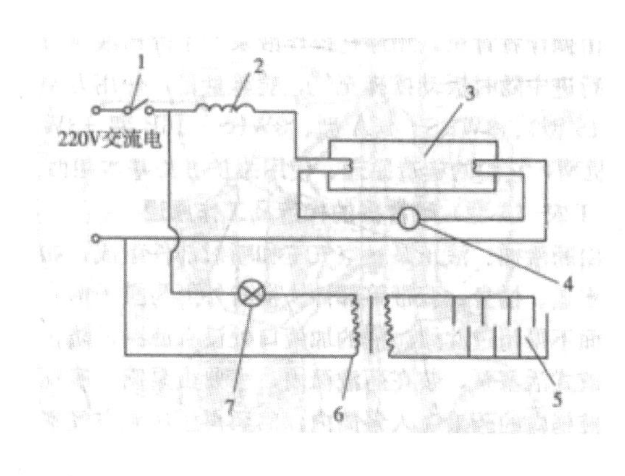

图 5-22 高压杀虫灯（1. 开关；2. 镇流器；3. 黑光灯管；4. 启动器；5. 高压电网；6. 高压变压器；7. 灯泡）

2. 使用注意事项

（1）高压杀虫灯应安装在高处，使人、畜均不能触及。

（2）插入 220V 电源，打开开关，灯管起辉发亮。

（3）用绝缘性能好的螺钉旋具使高压电网相邻两条短路，灯泡若发亮，表示电网已正常工作。

（4）使用中应注意灯具不受雨淋。如果受到雨淋必须将绝缘部分擦干后，才能再使用。

二、食用菌病虫害防治机械

（一）背负式喷雾器

背负式喷雾器是由操作者背负，用摇杆操作液泵产生的药液压力进行喷洒作业的喷雾器。图 5-21 可以在作业行进中随时扳动摇杆充气，喷雾量足，使用方便，效率较高。目前有 3WB–16 型（工农 –16 型）、3WBS–16A 型、3WBS–16B 型、3WBS–12 型、3WDS–14 型、NS–15 型等机型，它们的构造原理、使用维护方法基本相似。

1. 3WB-16 型（工农 -16 型）喷雾器的构造及工作原理

（1）构造

主要由药液桶、液压泵、空气室和喷射部件组成，如图 5–23 所示。①药液桶包括加水盖、桶身、背带等部件。桶身外形为腰子形，适于背负。桶壁上标有水位线，加液时液面不得超过此线。桶的加液口处设有滤网，防止杂物进入桶内；②液压泵采用皮碗式活塞泵，装在药液筒内，主要由泵筒、塞杆、皮碗、进水球阀等组成。其作用是将药液桶内的药液吸入泵筒内，然后再压送到空气室去增压；③空气室是一个中空的全封闭壳体，安装在出水阀座上，底部与出水接头相连，上部标有安全水位线。空气室的作用是减少液泵排液的不均匀性，使药液获得稳定而均匀的喷射压力，保证药液连续喷出；④喷射部件主要由胶管、开关、套管、喷管、喷头等组成。用开关控制药液流量。套管内装有过滤网，用以过滤喷出的药液。喷头采用切向进液式，由喷头体、垫圈、喷头片和喷头帽组成，用来雾化和喷洒药液。

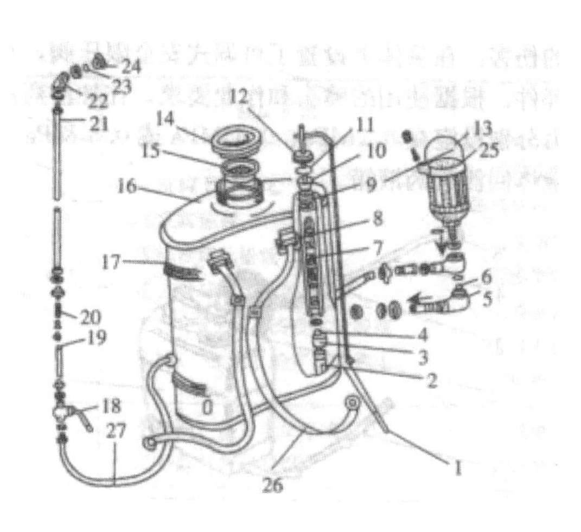

图 5-23 3WB-16 型（工农 -16 型）背负式喷雾器结构图（1. 手摇杆；2. 吸水管；3. 进水球阀座；4. 进水球阀；5. 出水球阀座；6. 出水球阀；7. 皮碗；8. 泵筒；9. 垫圈；10. 塞杆；11. 毡圈；12. 泵盖；13. 空气室；14. 筒盖；15. 滤网；16. 药液桶；17. 水位线；18. 开关；19. 套管；20. 滤网；21. 喷杆；22. 喷头；23. 夹环；24. 喷头片；25. 安全水位线；26. 背带；27. 出水胶管）

（2）工作原理

工作时，操作人员用手上下扳动摇杆，通过连杆使活塞在泵筒内做上下往复运动，活塞杆上行时，将药液吸入泵筒内，当活塞下行时再将药液压入空气室。随着药液逐渐增多，空气室内的空气渐渐被压缩，当达到一定压力时，打开喷杆上的开关，即可进行喷雾作业（图 5–24）。

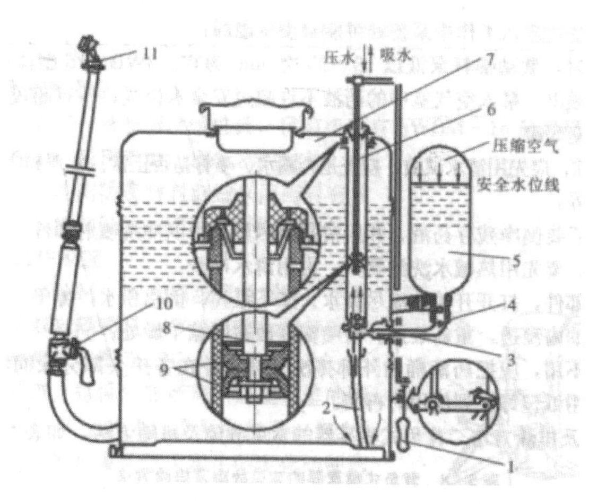

图 5-24 3WB-16 型（工农 -16 型）喷雾器工作示意图（1. 摇杆；2. 吸水管；3. 进水球阀；4. 出水球阀；5. 空气室；6. 泵筒；7. 药液桶；8. 活塞杆；9. 皮碗；10. 开关；11. 喷头）

2.NS-15 型喷雾器

NS–15 型喷雾器，用塑料制作，其外形如图 5–25 所示。这种喷雾器采用大流量活塞泵，且活塞泵与空气室合二为一，置于药箱内，可避免空气室因过载破裂而对人体造成伤害。

在泵体上设置了可调式安全限压阀，在药液箱盖上设置了防溢阀，配有多种喷洒部件。根据使用的喷头和作业要求，在加注药液前，更换弹力不同的安全阀，可将工作压力分别设定在 0.2MPa、0.4MPa 或 0.6MPa，药液压力超过预定值时，安全阀就开启，液体回流到药液箱。

图 5-25 NS-15 型喷雾器（1. 手柄；2. 空气室；3. 揿压式开关；4. 喷杆；5. 喷头；6. 药液箱）

3. 使用与维护

（1）使用方法。①新皮碗使用前应在润滑油或动物油中浸泡 24h 以上，不要用植物油泡；②安装塞杆组件，可先向气筒内滴少许润滑油，将皮碗的一边斜入筒内，旋转塞杆，同时另一只手将皮碗周边压入筒内，扶正塞杆，垂直装入。切忌强行塞入；③加注药液时，应先过滤，防止杂质堵塞喷孔。液面的高度不应超过桶身外部标明的水位线。如果加注过多，工作中泵盖处可能会发生溢漏；④背负作业时，扳动摇杆泵液以 18~25 次 /min 为宜。3WB-16 型操作中不可过度弯腰，以免药液溅出。泵入空气室中的药液不许超过安全水位线；一旦超过，应立即停止泵液，以免空气室裂破。

（2）维护保养。①作业结束后要倒净残存药液，并用清水喷洒几分钟以冲洗喷射部件。如果喷洒的是油剂或乳剂药液，要先用热碱水洗涤器具，再用清水冲洗；②拆下喷射部件，打开开关，流尽废水。卸下泵筒，倒出积水，擦干。将皮碗取下放入润滑油或动物油内浸透，重新装好。将喷雾器放在阴凉干燥处；③如长时间不用，应把药液桶内外都擦洗干净，并在各接头部分涂润滑脂，以防生锈。皮碗应取出用纸包好，使用时再装。

（二）隔膜泵喷雾器

隔膜泵喷雾器是一种新型植保机具，目前机型有 3WBM-16 型隔膜泵喷雾器，它的主要部件无摩擦副，采用双缸、固定密封结构，与药液接触的零部件均用防腐材料制造，因而具有效率高、压力稳定、操作轻便、使用寿命长等特点。

1. 构造及工作原理

（1）构造

3WBM-16 型隔膜泵喷雾器，主要由药液箱，手动双缸隔膜泵、多功能喷射部件和背负装置等零部件构成（图 5–26）。

图 5-26 3WBM-16 型隔膜泵喷雾器（1. 药液箱；2. 双缸隔膜泵；3. 摇杆；4. 喷射部件；5. 空气室）

（2）工作原理

这种喷雾器利用隔膜泵里的隔膜片在外力作用下产生的弹性变形和位移，与上、下泵盖形成的腔室容积发生忽大忽小的变化而使药液吸入和排出，如图 5–27 所示。当转动摇臂使隔膜片产生弹性变形向上移动时，A 腔容积不断减小，压力升高；B 腔容积随之增大，产生了负压（真空度）。在此情况下，A 腔的药液推开 A 腔出液球阀压入气室，而 B 腔则在大气压力与 B 腔压力差的作用下，使药液箱内的药液推开 B 腔进液球阀进入 B 腔。A 腔进液球阀和 B 腔出液球阀在 A 腔药液的作用下处于关闭状态。当反向转动摇臂，使隔膜片产生弹性变形向下移动时，B 腔容积减小，A 腔容积增大。B 腔的药液在其压力作用下推开 B 腔出液球阀流入气室，因 A 腔处于负压状态，在大气压力与 A 腔压力差的作用下，药液箱内的药液通过过滤器推开 A 腔进液球阀被压入 A 腔。同样，A 腔出液球阀和 B 腔进液球阀则在 B 腔药液压力作用下处于关闭状态。如此反复进行，药液箱内的药液便不断地被压入气室，使气室内的空气受到压缩，压力升高。当打开开关，气室内的药液就通过喷射部件进行喷雾。

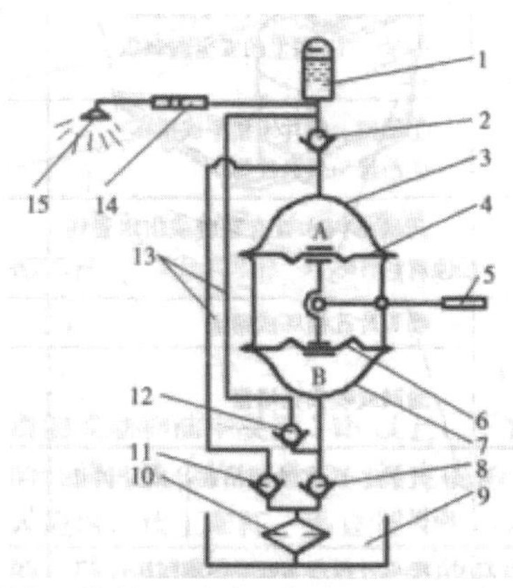

图 5-27 3WBM-16 型隔膜泵喷雾器工作原理图（1. 气室；2.A 腔出液球阀；3. 上泵盖；4、6. 隔膜片；5. 摇臂；7. 下泵盖；8.B 腔进液球阀；9. 药液箱；10. 过滤器；11.A 腔进液球阀；12.B 腔出液球阀；13. 药路；14. 开关；15. 喷头）

2. 使用与维护

（1）为确保不渗漏药液，使用前应拧紧各螺母以及螺纹接头。

（2）往药液箱内灌装药液时，不得取下箱盖下的滤网，以防杂物堵塞药路。

（3）转动摇臂时应匀速进行，不可用力过猛。

（4）当气室药液液面升至气室高度 3/4 处时即应停止转动摇臂，以防压力过高造成隔膜泵的损坏。

（5）喷施作业完毕后，必须倒尽残余药液，并灌装适量的清水继续喷施几分钟，达到清洗目的。

（三）压缩喷雾器

压缩喷雾器是一种小型手动喷雾机具，它靠预先压缩的气体使药液桶中的药液具有压力，然后进行喷洒作业。这种喷雾器携带方式为肩挎式，构造简单，一人操作，轻便灵活。型号有 3WS–7 型（也称 552 丙型）、三圈 –6 型、3WSS–4 型、3WSS–6 型和 3WSS–8 型等多种产品，适用范围基本与 3WB–16 型（工农 –16 型）背负式喷雾器相同。下面以 3WS–7 型为例进行介绍。

1. 构造及工作原理

（1）构造。3WS–7 型压缩喷雾器主要由药液桶、皮碗式气筒和喷射部件组成，如图 5–28 所示。

图 5-28 3WS-7 型压缩喷雾器（1. 药液桶；2. 气筒；3. 加水盖；4. 喷射部件）

①药液桶：由药液桶、加水盖、垫圈、出水管等组成。出水管焊立在液桶内，下端进水，伸出桶盖的一端连接有出水接头，与喷射部件的胶管相连。

②气筒：由气筒管、杆、皮碗和压出阀等组成，以手抽压塞杆在气筒内上下往复运动，可使药液桶内气压升高。

③喷射部件：由胶管、直通开关、套管、喷管、喷头等组成，其作用是对药液雾化和喷洒。

（2）工作原理

工作时，先将已备好的药液装入药液桶内，然后抽动气筒塞杆向桶内打气，使桶内气压增高，打开直通开关后，迫使药液经喷射部件喷洒出去。随着药液液面下降，药液桶内气压降低，这时须再打气加压。一般每次加药液后，须打气 3~5 次才能喷完。

2. 使用与维护

这种喷雾器的使用保养与 3WB–16 型（工农 –16 型）背负式喷雾器的使用保养基本相同。另外还要注意以下事项：

（1)加添药液后,应将加水盖盖严旋紧,同时注意气筒压盖和放气螺丝处也不得漏气,否则会影响喷雾质量。

（2）抽压塞杆打气时，要平稳，要拉足、压足每个行程。一般每次打气抽动 30~40 下为宜。打气结束，要锁住塞杆。

（3）如果喷雾器已经使用多年，应注意药液桶的腐蚀情况，切防打气胀裂发生意外。

（四）背负式机动喷雾喷粉机

我国生产的背负式机动喷雾喷粉机，是一种带有小型动力机械的轻便、灵活、效率高的植保机械。目前我国有 20 家左右的工厂生产这种背负机。它们虽然机型很多，但构造和工作原理基本相同。现以 WFB–18 型背负式机动喷雾喷粉机为例进行介绍。

1. 背负式机动喷雾喷粉机的构造

背负式机动喷雾喷粉机主要由机架、汽油发动机、风机、药箱和喷管组件等组成，如图 5–29 所示。

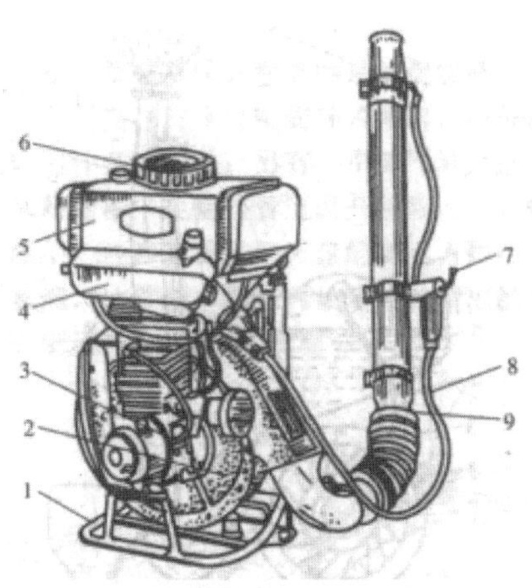

图 5-29 背负式机动喷雾喷粉机（1. 机架；2. 离心式风机；3. 汽油机；4. 油箱；5. 药箱；6. 药箱盖；7. 药液开关；8. 药液管；9. 喷管组件）

（1）机架。分为上下两部分。上机架用于安装药箱和油箱，下机架用于安装风机和汽油机。

（2）离心式风机。是在汽油机的带动下产生高压、高速气流，进行喷雾和喷粉。风机上方有小的出风口，通过进风阀将部分气流引入药箱，喷雾时对药液加压，喷粉时对药粉吹送。

（3）汽油发动机。提供作业时所需要的动力。采用 1E40F 型汽油机。

（4）药箱总成。可以盛液剂，也可以盛粉剂，只是箱内的部件不同。喷雾状态时药箱内设有滤网、进气软管和进气塞；喷粉状态时药箱内只有吹风管。

（5）喷粉状态喷管装置。由风机弯头、小蛇形软管、大蛇形软管、直管、弯管组成。

（6）喷雾状态喷管装置。将喷粉状态喷管装置的小蛇形软管换成输液管，再装上通用式喷头即可。

2. 工作原理

（1）喷雾作业。首先组装有关部件，使整机处于喷雾作业状态。工作时，汽油机带动风机叶轮高速旋转，大部分气流从喷管喷出，小部分气流经进气塞、进气管到达药液顶部对药液加压。当打开开关，药液便经输液管从喷头喷出，被气流喷散成雾并吹向远方，如图 5-30 所示。

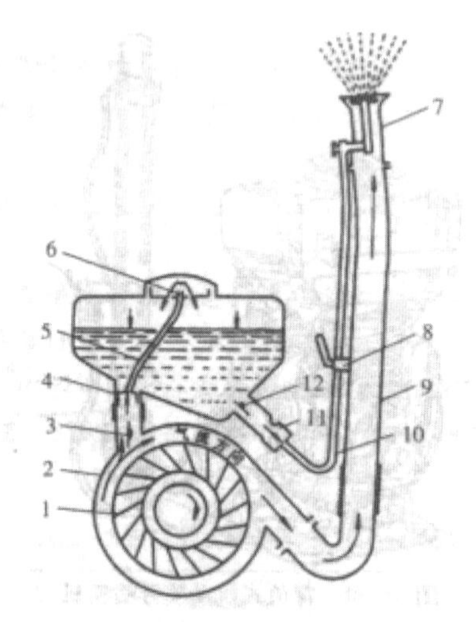

图 5-30 喷雾作业状态（1. 叶轮；2. 风机壳；3. 风门；4. 进气塞；5. 进气管；6. 滤网组合；7. 喷头；8. 开关；9. 喷管；10. 输液管；11. 出水塞；12. 粉门）

（2）喷粉作业。首先使药箱和喷管处于喷粉状态。工作时，汽油机带动风机叶轮高速旋转，大部分气流从喷管喷出，小部分气流经出风口进入药箱由吹粉管吹出，在吹粉管的导流作用下，药粉被吹向粉门体，当打开粉门，药粉经输粉管进入喷管，被气流吹散并送向远方，如图 5-31 所示。

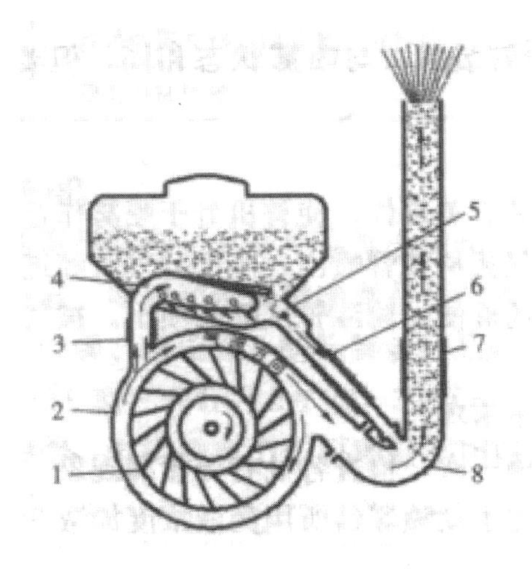

图 5-31 喷粉作业状态（1. 叶轮；2. 风机壳；3. 出风筒；4. 吹粉管；5. 粉门；6. 输粉管；7. 喷管；8. 弯头）

（3）超低量喷雾。作业超低量喷雾作业喷洒的是油剂农药，药液浓度高，为飘移积累性施药。风机高速旋转，从药液箱中经输液管流量开关流入空心轴的药液，再从空心轴上的孔流入前、后齿盘的缝隙中，在高速旋转的齿盘的离心力作用下，沿齿盘周缘上的齿抛出，并被齿尖撕裂成细小雾滴，这些细小雾滴再被从喷口喷出的高速气流吹向远方，喷洒在防治对象上，如图 5-32 所示。

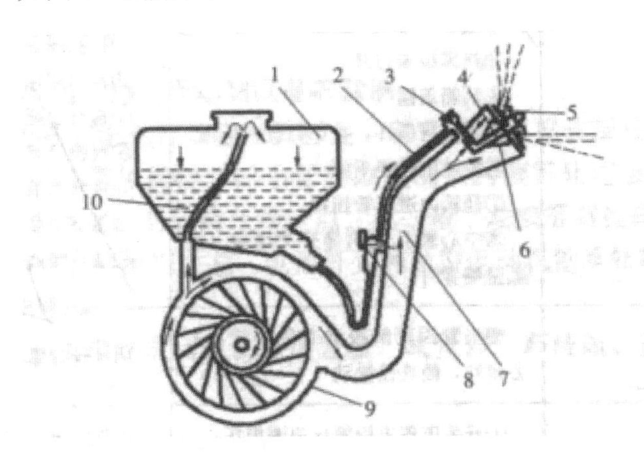

图 5-32 超低量喷雾工作过程（1. 药液箱；2. 输液管；3. 转芯；4. 空心轴；5. 前、后齿盘；6. 分液堆；7. 喷管；8. 开关；9. 风机；10. 进气管）

3. 维护与保养

（1）日常保养

①将药箱内残存的粉剂或药液倒出；②用清水洗刷药箱、喷管、把手组件（勿洗刷汽油机），清除机器表面的油污尘土；③检查各零部件螺钉有无松动、脱落，必要时紧固。

（2）长期存放

要放净燃油，全面清理油污、尘土，并用肥皂水或碱水清洗药箱、喷管、把手组件、喷头，然后用清水冲净并擦干。金属件涂防锈油；脱漆部位，除锈涂漆。取下汽油机的火花塞，注入 10~15g 润滑油，转动曲轴 3~4 转，然后将活塞置于上止点，最后拧紧火花塞用塑料袋罩上，存放于阴凉干燥处。

（五）3WCD-5 型手持式电动超低量喷雾器

3WCD–5 型手持式电动超低量喷雾器是一种重量轻、操作灵便、简易多用的病虫害防治机具。它有专门的雾化机构，把小量高浓度油剂药液雾化成很细的雾滴，具有用药少、黏附力强、分布均匀、药效持久等特点。比一般手动喷雾器提高工效 6~10 倍，降低防治费用 10%~20%。但耐用性差，电池外壳和微型电动机轴承处容易受药液腐蚀[1]。

1. 构造及工作原理

（1）构造。主要由微型电动机、雾化齿盘、流量器、药液瓶、把手、干电池等组成，如图 5–33 所示。

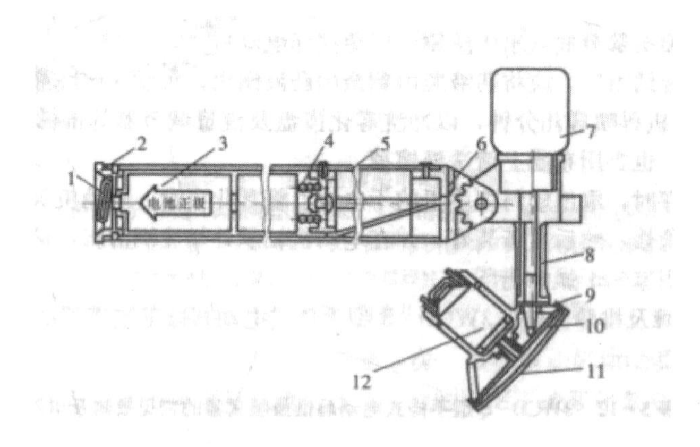

图 5-33 3WCD-5 型手持式电动超低量喷雾器（1. 开关；2. 底盖；3. 电池组；4. 电池弹簧；5. 把手；6. 喷头支架；7. 药液瓶；8. 药液瓶座；9. 流量调节器；10. 雾化齿盘；11. 护罩；12. 微型电动机）

①微型电动机是功率 2W 的直流电动机，它是雾化齿盘旋转的动力。

②雾化齿盘由前、后齿盘组合而成，安装在微型电动机轴上，齿盘周缘有 360 个又细又尖的齿。

③流量调节器由流量嘴和输液管组成。流量嘴插入输液管孔内，用来控制药液流到雾化齿盘去的流量。

④药液瓶的口部有螺纹，与药液瓶座、输液箱相连接，螺纹口处有一小孔，通过瓶座上的进气管与大气相通。

1　林静 . 食用菌栽培加工生产技术与机械设备 [M]. 北京：中国农业出版社，2015.

⑤空心塑料把手的前端安装喷头、药液瓶；后端设有电池盖，内部安装电池组；把手上还装有电源开关。电池组一般为 4 节 1 号干电池。

(2) 工作原理。工作时，接通把手上的电源开关，电动机带动雾化齿盘高速旋转，此时转动把手使药液瓶口向下，药液在重力作用下，经流量调节器和出液口在两齿盘间流出，被雾化齿盘高速向外甩出，并被雾化齿盘周缘上的细尖齿粉碎成雾，喷幅可达 3~5m。

2. 使用与维护

（1）正确使用

①作业前检查喷雾器各零部件是否齐全完好，雾化齿盘转动是否灵活，输液系统是否畅通，有无漏液现象；②装入电池，打开开关，检查转速是否正常，若雾化齿盘旋转良好，立即关闭电源，将过滤后的药液倒入药液瓶内，把药液瓶安装到瓶座上；③作业时，转动把手使药液瓶口向下，喷头与地面夹角 45°，喷口与地面距离为 0.5~1m；④作业中，手和其他物件不要碰着高速旋转的雾化齿盘，以防损伤人身和机具；未打开开关时，不能将药瓶口朝下使喷头朝向目标物，否则药液会直接流到目标物上而产生药害和浪费农药。喷洒中，要不停地摆动喷头，以免引起药害。

（2）维护保养

①严禁把喷头部分放入水中洗刷，以免损坏电动机；②每天作业结束后，应将药液瓶内剩余的药液倒出，再盛入清洗液 (如煤油、肥皂水等)，开动电动机再喷雾几分钟，以冲洗雾化齿盘及流量调节器等部件。如果喷雾器其他部位沾有药液，也要用布蘸上清洗液擦掉；③长期保存时，取出塑料把手里的干电池，将雾化齿盘、电动机等从喷头上拆下，擦净药垢，进行检修，然后重新装好，并在电动机轴承处加注润滑脂，试运转正常后，套上护盖，存放在阴凉、干燥的场所。

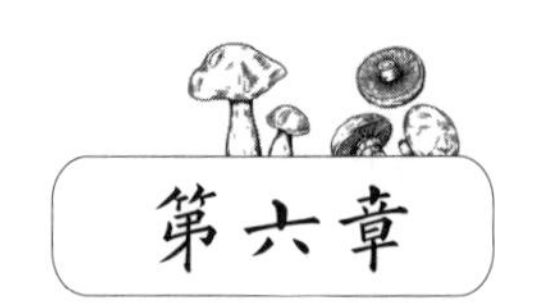

第六章

食用菌产品加工机械与保鲜加工技术应用创新

食用菌机械化、工厂化生产专业化程度高，生产稳定，净化条件优越，管理制度严格，同时可以提高劳动生产率，能及时生产出所需的菌种和培养料， 而且还可进一步扩大生产规模，缩短栽培周期，减轻劳动强度，提高生物转化率和生产率，扩大出口量，有利于形成机械化、工厂化规模经营，使食用菌产业具有强有力的竞争态势，将更多的商品打入国际市场，来促进食用菌产业快速发展。

第一节　食用菌产品加工常见机械与设备

一、食用菌加工前处理机械与设备

食用菌加工前处理主要有清洗、分级、切割、烫漂、冷却、抽空、护色等工艺过程。在这些工艺过程中，要用到一些机械与设备。

（一）食用菌分级机械与设备

加工前将食用菌初级产品进行预先的选别分级，有利于以后各项工艺过程的顺利进行，分级有手工分级和机械分级。

1. 手工分级

在生产规模不大或机械设备较差时常用手工分级，同时可配备简单的辅助工具，如圆孔分级板、蘑菇大小分级尺等。分级板由长方形板上开不同孔径的圆孔制成，孔径大小视不同的食用菌种类而定，通过同一圆孔的算一级，但不应往孔内硬塞下去，以免损伤食用菌。

2. 滚筒式分级机

物料在滚筒内滚转和移动，并在此过程中分级。主要由分级滚筒、支承装置、传动装置、收集料斗、清筛装置五部分组成，如图 6–1。

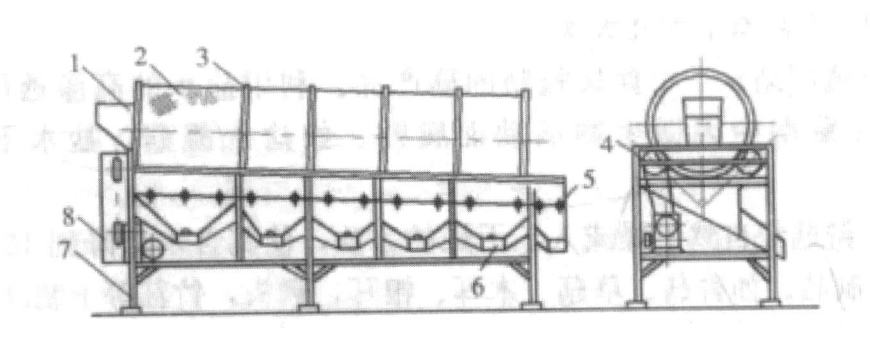

图 6-1 滚筒式分级机（1. 进料斗；2. 滚筒；3. 滚圈；4. 摩擦轮；5. 铰链；6. 收集料斗；7. 机架；8. 传动系统）

（1）分级滚筒

它是该设备的主要构件，用 1.5~2.0mm 厚的不锈钢板冲孔后卷焊成圆柱形转筒。滚筒分为几组，组数为须分级数减 1。每组小孔孔径不同，而同一组中的孔径应一样。从物料进口至出口，后组比前组的孔径大。小于第一组孔径的物料从第一组掉出，用漏斗收集为一个级别，依此类推。为使原料从筒内向出口处运动，整个滚筒装置一般有 3°~5° 的倾角。

（2）支承装置

由滚圈、摩擦轮、机架和轴承组成。滚圈固定在滚筒上，并将筒体重量传递给摩擦轮。整个设备由角钢焊成的机架支撑。

（3）传动装置

目前广泛采用的传动装置是摩擦轮。在分级滚筒的后侧，固定有摩擦轮的主动轴用轴承支撑在机架上。在滚筒前侧对称地安装有支承轴及滚轮，两轴线与滚筒轴线平行，将滚筒托起在机架上，其夹角为 90°。传动系统带动主动轴和摩擦轮旋转时，摩擦轮和滚圈间依靠摩擦力驱动滚筒旋转。

（4）清筛装置

工作时原料应通过滚筒相应孔径的筛孔流出，才能达到分级的目的，但筛孔往往被物料堵塞而影响分级效果。因此，要根据所分级物料的实际情况，安装清筛装置，将堵在筛孔中的物料挤回滚筒内。通常在滚筒外壁平行于其轴线安装一个木制滚轴，在弹簧作用下压紧在滚筒外壁来达到清筛目的。

分级时，在传动系统作用下，通过摩擦轮和滚圈使滚筒回转，当物料从进料斗加入后即随滚筒一起回转，小于第一级筛孔的物料落入第一级收集料斗中，大于最后一级筛孔的物料从滚筒排出进入最后一级料斗。

（二）食用菌清洗机械与设备

洗涤可以除去食用菌表面黏附的尘埃、泥沙及大量的微生物，保证产品清洁卫生，特别是喷过防治病虫药剂的原料，更须注意洗涤干净，清除药害。

1. 洗涤水槽

洗涤水槽呈长方形，大小随需要而定，可 3~5 个连在一起呈直线排列，用砖或石砌成，槽内壁为磨石或镶瓷砖。槽内安装金属（最好用不锈钢或铝质材料）或木质滤水板，用以存放食用菌。洗槽上方安装冷、热水管线及喷头，用以喷水洗涤食用菌，并安装一根水管直通到槽底，用以洗涤不须喷洗的原料。在洗槽的上方有溢水管，下方有排水管。槽底也可安装压缩空气喷管，通入压缩空气使水翻动，提高洗涤效果。

2. 喷淋式和压气式洗涤机

喷淋式洗涤机在洗涤槽（箱）内上下安装有喷水头。原料在循环输送带上缓缓向前移动，受到上下喷出的水冲洗。喷洗的效果与水压、喷头与原料间的距离以及喷出的水量都有关。压力大、水量多、距离近则效果好。

压气式洗涤机在洗涤槽（箱）内安装许多压缩空气喷嘴，通入压缩空气将水强烈地翻动，洗涤食用菌。

（三）食用菌抽空装置

食用菌内部组织较松，含空气较多，对加工不利，须进行抽空处理。即将原料在一定的介质里置于真空状态下，使内部空气释放出来，代之以糖水或无机盐等介质。

抽空装置主要由真空泵、气液分离器、抽空锅组成（图 6–2）。真空泵采用食品工业中常用的水环式，除能产生真空外，还可带走水蒸气。抽空锅为带有密封盖的圆形筒，内壁用不锈钢制造，锅上有真空表、进气阀和紧固螺丝。

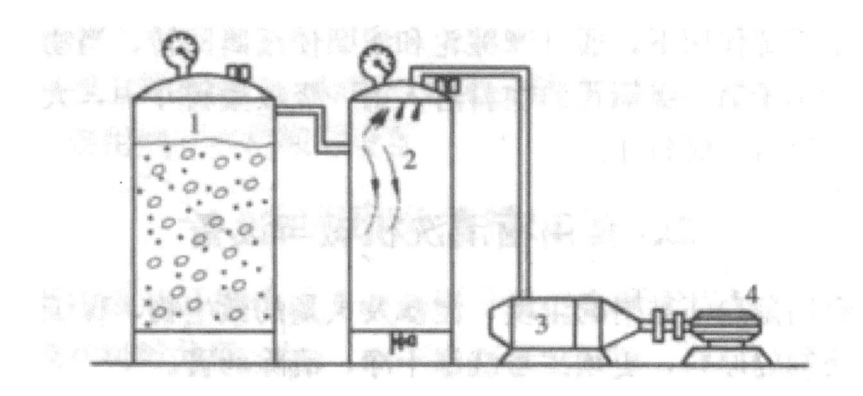

图 6-2 抽空系统示意图（1. 抽空罐；2. 气液分离器；3. 水环式真空泵；4. 电机）

（四）蘑菇切片机

蘑菇呈伞形，由菇盖和菇柄组成。通常采用蘑菇定向切片机进行切片（图 6–3），以生产片料装蘑菇罐头。切片机上采用几十把圆形刀，这些圆形刀由主轴驱动回转，把从料斗送来的蘑菇进行切片。圆刀之间的距离可以调整，以适应切割不同厚度蘑菇片的需要。还有与圆形刀相对应的一组挡流板，它安装于两片圆形刀之间，挡流板固定不动，刀则嵌入垫辐之间，当圆形刀和垫辐转动时即对蘑菇进行切片。切下的蘑菇片由挡流板挡出，落入下料斗中。为了使蘑菇片厚薄均匀，同时将边片分开，必须加设蘑菇片定位装置，使蘑菇能排列整齐，按照一定的方向进入机中定向切片。对于外形小而质地柔软的蘑菇，一般难以采用机械定位的方法进行切片作业。

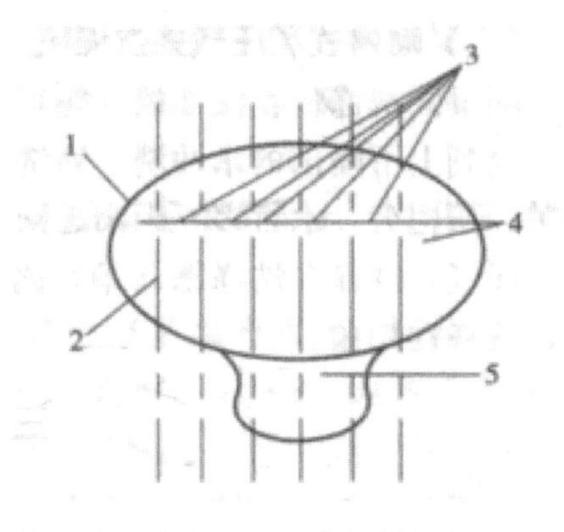

图 6-3 蘑菇同一个方向切片示意图（1. 菇盖；2. 刀片切割方向线；3. 正片；4. 边片；5. 菇柄）

蘑菇切片机如图 6–4 所示。它主要由支架、出料斗、卸料轴座、圆盘切刀组、定位板和进料斗等组成。蘑菇定向切片机的工作过程是：蘑菇从提升机送入料斗，在料斗的下方设有控制上压板，使蘑菇定量地进入弧槽定向滑料板中，而弧槽定向滑料板由连接杆偏心地安装在回转轮上，当电动机带动回转轮转动时，通过连接杆使弧槽做轻微振动。

位于弧槽定向滑料板下面的供水管，不断地向弧槽内供水，由于水流和弧槽倾角的作用使蘑菇向下滑动，因为蘑菇菇盖的体积和质量都比菇柄大，在一定的条件下，较重的一头应该是朝下朝前运动的，在水力作用和具有轻微振动的情况下更是如此。根据这一特性设计的弧槽滑料板式定位装置，可使蘑菇自动定向地进入圆形刀中被切成片状，并把正片和边片分开，正片从出料斗排出。

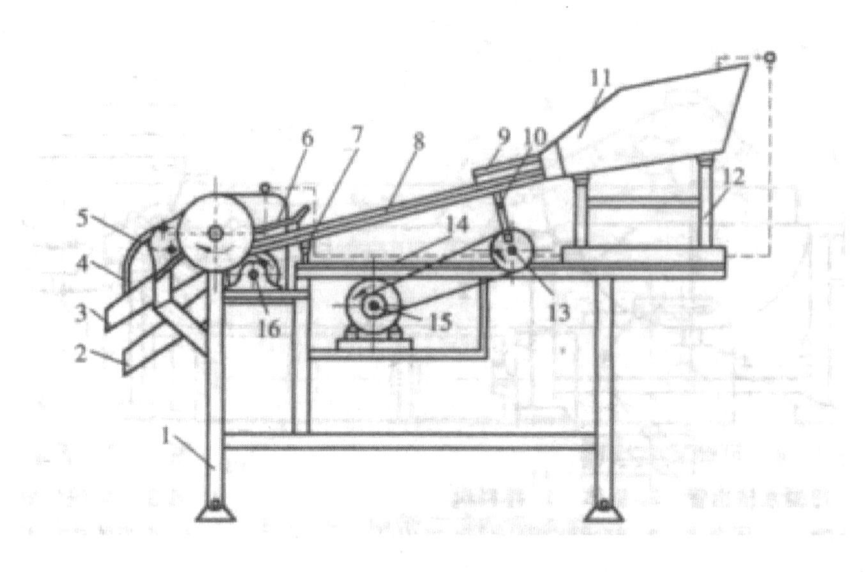

图 6-4 蘑菇切片机（1. 支架；2. 边片出料斗；3. 正片出料斗；4. 机罩；5. 卸料轴座；6. 下压板；7. 铰杆；8. 弧槽定向滑料板；9. 上压板；10. 连接杆；11. 进料斗；12. 进料斗架；13. 皮带轮；14. 供水管；15. 电动机）

（五）预煮设备

预煮又称烫漂，即将已切分的或经其他预处理的新鲜原料放入沸水或热蒸汽中进行短时间的处理。常用的食用菌预煮设备有：夹层锅、链带式连续预煮机和螺旋式连续预煮机等。

1. 夹层锅

夹层锅又叫双层锅或双重釜等，常用于物料的烫漂、调味料的配制及煮制一些浓缩产品。按深度可分为浅型、半深型和深型。按结构分为固定式和可倾式。可倾式夹层锅，如图 6–5 所示，主要由锅体、填料盒、冷凝水排出管、进气管、压力表、倾覆装置及排料阀等组成。锅体用轴颈装在支架两边的轴承上，轴颈是空心的。蒸汽管从这里伸入夹层中，周围加隔热填料。冷凝水从夹层最底部排出。倾覆装置上有手轮和蜗轮蜗杆，蜗轮与轴颈固接，当摇动手轮时，可将锅体倾倒和复原，用以卸料。固定式夹层锅 (图 6–6) 由锅体、冷凝水排除阀、排料阀、进气管及锅盖组成。因冷凝液排除阀安在壳体上，冷凝液不能完全排出。排料阀在底部，对液态物料的出料比较方便。

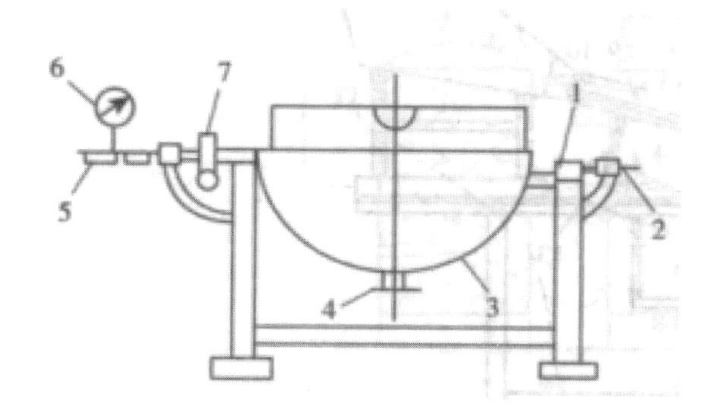

图 6-5 可倾式夹层锅（1. 填料盒；2. 冷凝水排出管；3. 锅体；4. 排料阀；5. 进气管；6. 压力表；7. 倾覆装置）

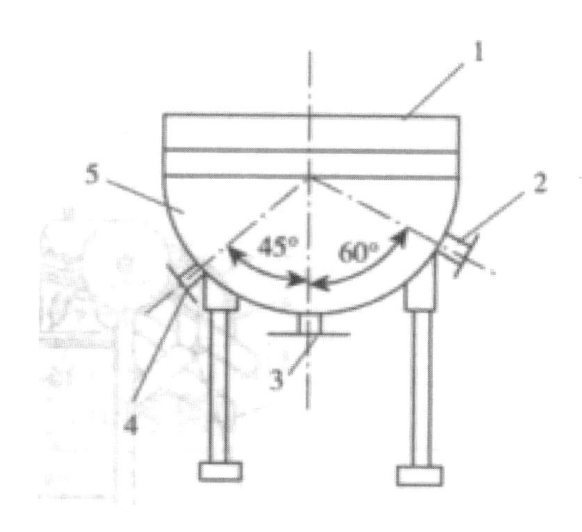

图 6-6 固定式夹层锅（1. 锅盖；2. 进气管；3. 排料阀；4. 冷凝液排除阀；5. 锅体）

2. 链带式连续预煮机

如图 6–7 所示，它主要由钢槽、刮板、蒸汽吹泡管、链带和传动装置等组成。外壳与钢槽连为一体，刮板焊接在链带上，链带背面有支撑。为了减少运行中的阻力，刮板上有小孔。压轮使链板从水平过渡到倾斜状态。压轮和水平部分的刮板均在煮槽内。煮槽内盛满水，作业时水由送入蒸汽吹泡管的蒸汽进行加热，物料从进料斗随链带移动，并被加热预煮，最后送至末端，由卸料斗排出。蒸汽吹泡管上开有小孔，靠进料口端孔多，靠出料口端孔少，以使物料进入后迅速升高到预煮温度。为防止蒸汽直接冲击物料，小孔的出口主要面向两侧，这样还可加快槽内水循环，水温比较均匀。舱口是为了用于排水排污。槽底有一定倾斜，舱口端较低。倘若物料在入口处受污染，还可以进一步在煮的过程中清洗和杀菌。舱口盖必须密封，同时应便于打开。溢流管是保持水位稳定用的。

预煮时间用调速电机或更换传动轮调节链板速度来控制。煮槽上面有槽盖，盖在煮槽边缘的水封槽内，以防蒸汽泄漏。

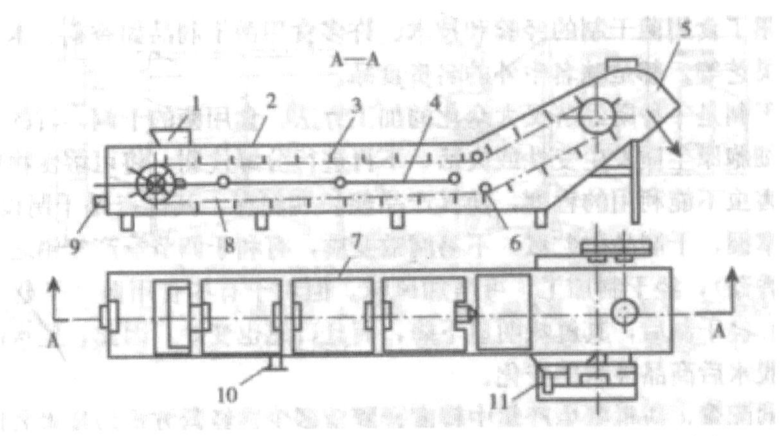

图 6-7 链带式连续预煮机（1. 进料斗；2. 槽盖；3. 刮板；4. 蒸汽吹泡管；5. 卸料斗；6. 压轮；7. 钢槽；8. 链带；9. 舱口；10. 溢流管；11. 调速电机）

3. 螺旋式连续预煮机

如图 6–8 所示，它由壳体、筛筒、螺旋、盖和卸料装置等组成。筛筒装在壳体内，螺旋在筛筒中心轴上，筛筒浸没在水中，蒸汽从进气管通过电磁阀分几路从壳体底部进入机内直接对水加热。中心轴由电机和变速装置传动。从溢水口溢出的水用泵送到贮存槽内，再回流到预煮机中使用。作业时物料经进料口落到筛筒内，通过螺旋运转将物料送至出料转斗中卸出，物料通过筛筒时被加热预煮。预煮时间由螺旋转速调节，盖由提升装置开启。

这种煮制设备的优点是结构紧凑，占地面积小，运行平稳，进料、预煮温度和时间及用水等操作能自动控制，在国内外大中型罐头厂广泛应用。缺点是对物料品种的适应性较差，在进料处由于物料上浮使螺旋中的充填系数较低，只达 50% 左右。

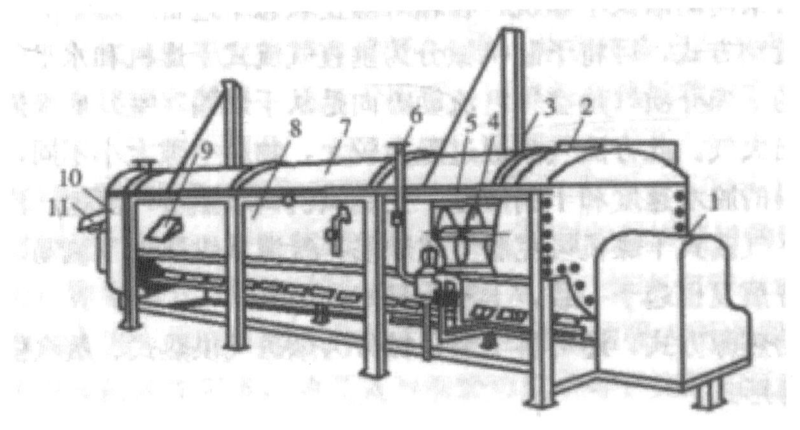

图 6-8 螺旋式连续预煮机（1. 变速装置；2. 进料口；3. 提升装置；4. 螺旋；5. 筛筒；6. 进气管；7. 盖；8. 壳体；9. 溢水口；10. 出料转斗；11. 斜槽）

二、食用菌干制机械与设备

食用菌的干制是一种既经济又大众化的加工方法。食用菌的干制，目的在于减少产品中的水分，使细胞原生质发生变性或失活，不再进行分解代谢，将可溶性物质浓度提高到微生物及贮藏害虫不能利用的程度，使其产品能长期保存。其优点是干制设备可简可繁，生产技术容易掌握，干制品耐贮藏，不易腐败变质，有利于调节季产年销之矛盾，对于有些食用菌（如香菇），经干制加工，可增加风味。但有些食用菌（平菇、凤尾菇、榆黄蘑、草菇等）经干制后，其鲜味明显下降，而且口感也变差。因此，脱水前应考虑到不同种类食用菌脱水后商品性状的变化。按干燥介质的热源方式，还可将干制机械分为烟道气供热式、蒸汽供热式、热水循环供热式和电热式等形式。

（一）烟道气供热式干燥机

1. 烟道气供热式干燥机的构造

烟道气供热式干燥机简称烟道式干燥机，主要由热风炉、干燥箱、风机和电器设备四部分组成。SHB–30 型干燥机和简易烘房是最常用的烟道式干燥机。现以 SHB–30 型干燥机（图 6–9）为例简介如下。

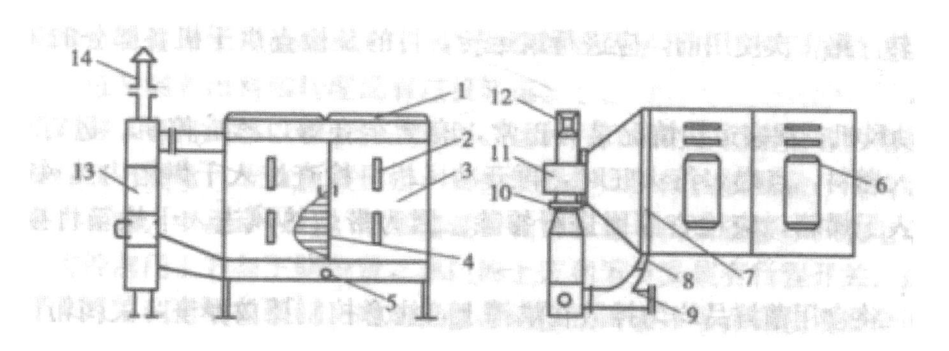

图 6-9 SHB-30 型干燥机结构示意图（1. 排湿阀门；2. 观察窗；3. 干燥箱门；4. 层架；5. 风门调节器；6. 排湿孔；7. 余热回收箱；8. 余热回收管；9. 三通管；10. 连接管；11. 风机；12. 电动机；13. 热风炉；14. 烟囱）

（1）干燥箱

干燥箱分成 2 个干燥室，在隔室底部设风门调节器，以备物料不足时，可集中在其中一室进行干制，节省燃料；同时还可供干燥过程中调换烘筛位置时控制风量的分配。干燥箱设有层架，每室 14~16 层。层架间距 10cm，每层搁放 1 个烘筛。

干燥箱内设有导风板装置，以保证箱内干燥均匀。干燥箱左右门设各观察窗 2 个，并配备干湿度计各 1 只，干燥过程中可随时观察物料干燥状态和内部干湿度变化情况。在干燥箱体顶部开有 20 个排湿孔，并配有控制排湿面积的阀门，以供余热回收。

（2）热风炉

热风炉是干燥机的主要部分，它为干燥机提供干燥介质。其目的是把空气从较低温度加热到较高温度；同时提高空气吸收水分的能力，以利于食用菌干制。热风炉主要由燃烧器和热交换器等组成。

燃烧器又称燃烧炉，采用手烧炉形式，主要由炉膛、炉排、炉门、灰坑和灰门等组成。使用固体燃料，用层燃方式进行燃烧。作业时将燃料铺放在炉排（又称炉箅）上，形成一定的燃烧层进行燃烧。为了启动助燃和调节炉温，还配有 30W 家用鼓风机。在烟囱中设有控制阀门，以利于调节炉温和停机灭火。

热交换器的作用是加强空气热交换，为间接加热。采用管式结构，当烟气从管内流通时，将管壁周围的空气加热。热交换器有烟管 16 根，分别按垂直与水平排列安装。

干燥机上还设有余热回收装置，通过三通管，可进行余热回收。在三通管处设有冷热风调节阀门。

2. 烟道气供热式干燥机的工作原理

燃料在燃烧器炉膛内燃烧，产生热烟气，热烟气的温度由炉膛里的燃料量、助燃风机和烟囱中的控制阀门等来调节。热烟气通过由 16 根水平、垂直烟管组成的热交换器，最后成为废气经烟囱排出。进入热交换器体内的空气，在风机的吸入下立即冲向聚烟筒预热，然后在垂直和水平导风板的作用下，使气流与烟管形成平等、交叉的流动，进行均衡充分的交换，使气流获得热量变成热风，在风机叶轮作用下送到热风室，进入干燥室，透过烘筛上的食用菌，带走水分，由干燥箱顶部的排湿孔排出。干燥后期的余热由余热回收管回收。经检验干制合格，即可停供热风，从干燥箱内取出食用菌干制品。

3. 烟道气供热式干燥机的使用

（1）安装

干燥机应安放在水泥地面上或坚实的土质地上，使机体呈水平状。安装好各连接管道，尤其应注意各接口不得漏气。

烟囱必须伸出室外，并保持一定高度，以保证烟道抽吸力的要求。

电动机架如要安装地脚螺栓，必须掘孔，浇注 150 号混凝土。在浇注前应调整好风机进出口中心高度与相对应各部位，特别是与干燥箱连接处的管道，配合好后才能浇注水泥，养护数天后方可开机使用。

（2）试运转

第 1 次使用前，应进行试运转。目的是检查烘干机各部分的工作是否符合干制要求。

首先开动风机，观察运转情况是否正常，有无杂音等，然后停机，进行生炉试车。

在炉膛内加入燃料，点燃，待火旺时，再开动风机。检查进入干燥箱内热风有无烟气，若有烟气进入干燥箱，应检查原因进行排除，因为带烟热风进入干燥箱将损坏干制品质量。

（3）摊放

将食用菌鲜品均匀摊放在烘筛上，注意控制摊放厚度，关闭箱门。香菇鲜品摊放时，应按菇体大小分别排放在烘筛上，不可凌乱堆放，以利于水分蒸发。垂直气流式干燥时，菌褶应朝向气流方向；水平气流式干燥时，菌褶应向上。这样排放，可获得外形好、色泽好、质量高的干制品。

（4）升炉调温，注意排湿

按不同食用菌的干制工艺要求，调节干燥箱内的湿度。在烘干初期，应打开全部排湿阀门，关闭余热回收阀门。随着干燥进行，调节排湿阀门开度。在烘干后期，视干制情况，可酌情进行余热回收，以节约燃料。

经过一定时间的干制，检查加工品已符合干制要求后，即可停机，从干燥箱内取出加工品。

（5）维护与保养

炉膛若有损坏，必须及时修补，外层可用60%耐火泥和30%石棉粉加水适量，调匀后涂修。使用木柴为燃料时，由于烟灰多，使用50h左右，应清理烟灰1次。清理烟灰时，可打开热交换器外壳，刷除烟管内的烟灰。干燥结束后，应打扫干燥箱。

（二）隧道式干燥机

1. 隧道式干燥机的构造

隧道式干燥机主要由蒸汽供热系统、风运系统、运载设备和干燥房等部分组成。

干燥房又称烘房，隧道式干燥机（图6-10）的干燥房分为两个区域，上部为加热区，下部为干燥区。干燥房的长度较大，一般为10~15m，可同时容纳多辆装载有食用菌的运载小车进行干制。干燥房的具体尺寸可根据设计的生产能力、供热锅炉的发热量以及风机、散热器等的规格来确定。为了提高干燥房的保温性能，减少散热损失，干燥房四周、顶部和底部都必须有良好的隔热性能。大型蒸汽供热式干燥机的墙体常用空心砖等砌筑而成。

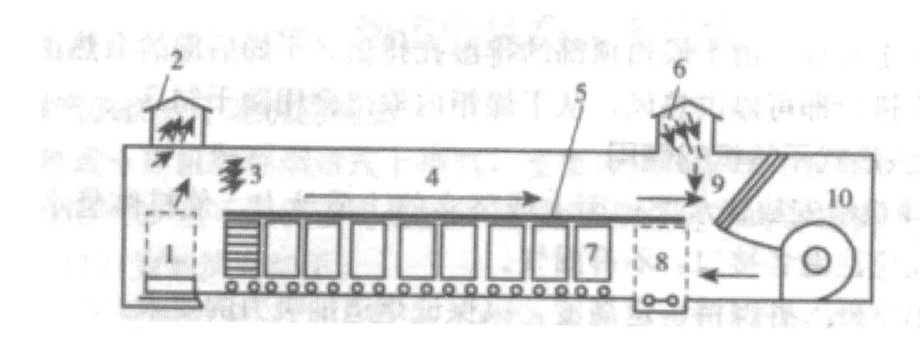

图 6-10 隧道式干燥机示意图（1. 湿料车倾向入口；2. 废气排出口；3. 循环气流；4. 隧道；5. 隔板；6. 空气入口；7. 料车；8. 干料车倾向出口；9. 空气加热器；10. 风机）

在干燥房水泥地面上，浇有用工字钢或角钢铺设的平行于干燥房的轨道。两轨道之间用角钢固定。进料端和出料端均埋设有过渡轨道。

干燥房两端装有料门，以牵引门为常用。这种门开启时，门扇沿着两侧的轨道向上升起，关闭时门往下降落，故占地面积小、密封性能好，但结构较复杂。门的起落操作有人力和电动牵引两种。电动牵引时，钢索通过滑轮和绞盘与门扇连接，开动电动机就可使门自动升降。为控制门上升与下降位置，在门的上方和下方安装有行程开关。这样当门上升到全开位置和降落到全闭位置时，电动机便自动停止转动，可保证使用安全可靠。门的起落，当采用人力操作时，钢索搁放在滑轮上，其一端连接在门上方，而另一端则装有平衡重锤，使操作省力。

（2）蒸汽供热系统

蒸汽供热系统由锅炉、散热器、各种阀门及管道、回水池、水泵等部件组成。从锅炉产生的蒸汽经室外管道、减压阀调节流量和压力后，由室内管道、闸阀进入散热器，并在散热器中凝结成冷凝水。冷凝水从散热器中流出，经管道及截止阀、流水阀流入回水池，再由水泵注入锅炉。当水泵停止运行时，为防止冷凝水回流，水泵和锅炉之间的管道上安装止回阀。

散热器用于干燥房的空气加热。当蒸汽通入散热器，在散热器中凝结成冷凝水时即放出大量蒸发潜热，热量由流动的空气带走，送入干燥房待干制的食用菌上，使其受热，水分逐渐蒸发，进行干制。

输水阀的管路上安装有旁通管道和阀门。当输水阀失灵维修时，打开旁通管道上的阀门能够让冷凝水从旁通管道流入回水池。

（3）风运系统

风运系统主要由轴流风机、导风板、进风门、排湿窗和余热回收装置等组成。

平流式风运系统分上下两层，上层安装进风门、风机、散热器、导风板以及排湿窗、余热回收装置，下层是干燥房。为加强排风能力，有时还在干燥房尾端安装有抽风机。在上下层之间装置隔板，轴流风机、散热器等安装在隔板上。为使散热器出来的热气流均匀地进入干燥房，在散热器与干燥房进口，安装有弧形导风板。导风板的数量一般为3~4片，用薄钢板制成，上下均匀地连接在散热器出口处。

（4）运载设备

干燥机的运载设备由运载小车、过渡车、轨道和烘筛等组成。运载小车装有4只导轮，以减少在轨道上移动时的阻力。运载小车的角钢柱上，焊有多层供搁放烘筛的层架。

为使运载小车从干燥房出料端顺利进入回程轨道，返回进料端，而设过渡轨道。干燥房两头过渡轨道上各安放有一辆过渡车。运载小车从干燥房出来后，乘上过渡车，然后由过渡车进入回程轨道，再乘上另一辆过渡车，返回进料端。

运载小车的长度应与干燥区的横断面相适应，并要保证运载小车与侧壁、隔板之间间隙很小，使热空气不致在运载小车周围做无功的流动。一般小车高2m左右。

2. 隧道式干燥机的工作原理

隧道式干燥机用常压热风对新鲜食用菌进行干制。它利用锅炉蒸汽通过散热器将新鲜空气加热成热风，在风机的输送下，对静止安置在运载小车烘筛面上的新鲜食用菌进行干制。载有新鲜食用菌的运载小车间歇地送入干燥房内，载着干燥后制品的运载小车则间歇地离开干燥房。因此，这种干燥机的操作系统为半连续性，其结构简单、适应性广、干燥迅速、不易损坏，各物料的整个干燥过程基本一致，成品质量好。

在食用菌干制中，采用的隧道式干燥机，其热空气气流和运载小车前进方向按相反的方向前进，称之为逆流式。逆流式还可将部分使用过的热空气再次循环使用，而将其余部分向上排掉。

在隧道式干燥机内，高温低湿空气进入的一端称为热端，低温高湿空气离开的一端称为冷端；新鲜食用菌进入的一端称为湿端，干制品离开的一端称为干端。

在逆流隧道式干燥机内，因空气流动和新鲜食用菌移动方向恰好相反，故它的湿端又为冷端，而它的干端又为热端。新鲜食用菌刚开始所遇到的是低温高湿的空气，虽然新鲜食用菌含有最高水分，尚能大量地迅速蒸发，但受低温高湿空气的影响，水分蒸发比较缓慢，也即水分蒸发率并不高，故新鲜食用菌内的湿度梯度也比较小。于是在新鲜食用菌内部水分源源不断地供应下，物料表面水分就能不受阻挠地向外扩散蒸发，不易出现表面硬化产生硬壳或收缩出现皱纹现象。因此，食用菌逐渐、全面、均匀地收缩，不易发生干裂而影响干制品质量。

干端处食用菌已接近于干燥，水分蒸发也已缓慢，虽然它所遇到的是高温低湿的空气，也是加速水分蒸发的最好干制工艺条件，实际上干燥仍然是比较缓慢，故近干端处热空气温度下降的程度也比较小，而干制食用菌的温度则将上升到和高温热空气相近的程度。此时，如果干食用菌在干端处停留时间过长，容易焦化。为了避免焦化，干端处的空气温度不宜过高，一般不宜超过 60~70℃。在干端处的高温低湿空气条件下，干制品的平衡水分将相应降低。因此，从逆流隧道式干燥机中制成的干制品水分就比较低，对食用菌干制非常有利。且逆流干燥的初期新鲜食用菌的干燥较为缓慢，这对食用菌干制也颇为适宜，故食用菌采用的隧道式干燥机都为逆流式。

3. 隧道式干燥机的使用

隧道式干燥机使用操作包括鲜菇（耳）的摊放、运载小车送入干燥房、鼓风、送蒸汽调节热风温度、保温控湿及干燥出料。

逆流隧道式干燥机内，鲜菇（耳）在烘筛上的摊放量（厚度）不宜过多，这是因干燥房进入端为低温高湿环境，空气中鲜菇（耳）蒸发水分的速度比较缓慢，此时若长期停留，就有腐败变质的可能。有时还会出现低温的鲜菇（耳）和接近饱和的低温高湿空气相遇，产生增湿现象，应加以注意。

对鲜菇切片干制的食用菌，如蘑菇等，进入干燥房后初期先鼓冷风 2~3h，以去除表面水分，然后再加温干制，之所以这样，也是上述原因。

在干制中可通过控制通入散热器的蒸汽流量来调节热风温度。具体温度高低及时间，应根据不同食用菌干制工艺要求确定。

为了提高热量利用和避免干燥初期因干燥率过大而出现菇体破裂、变形等现象，隧道式干燥机常再次循环使用部分吸湿后的热空气。

干制后成品的出料，因食用菌种类不同而异。如片状蘑菇采用分批出料，待整个干燥房出清后，再一次性进料；香菇则可边出料，边进料。

第二节 食用菌产品的保鲜原理与方法

一、食用菌的保鲜原理

采收后的鲜菇，虽然离开培养基，但菇体内的细胞仍具有生命力，在销售或加工之前，会受到外界环境的影响，使其鲜度下降、品质变劣，主要表现为：鲜菇继续呼吸，致使菌盖平展甚至开伞，抗性降低，菇体衰老；酶促褐变，菇体细胞中的多种酶，经氧化后变成褐色物质，降低鲜菇的商品外观；蒸腾作用使鲜菇脱水，鲜度明显下降。以上变化是使鲜菇品质变劣的主要原因。为克服以上不利因素对鲜菇的影响，应在鲜菇采收之后，通过人工控制、改变保鲜环境条件，降低呼吸作用和蒸腾作用，使鲜菇生命活动处于最低状态，减缓菇体内的生理生化作用，但又不使其完全停止生理活动，有效地保持其原有的特征，延长其货架寿命，这就是食用菌贮藏保鲜原理。

二、食用菌的保鲜方法

食用菌保鲜方法有冷藏保鲜、气调保鲜、辐射保鲜、化学保鲜、速冻保鲜和负离子保鲜等。

（一）冷藏保鲜

1. 冷藏保鲜方法

将鲜菇置于较冷凉的环境中进行保鲜。根据试验，用聚乙烯塑料薄膜包装后的多种鲜菇放在 0℃的环境中，能保鲜 14~20d；在 6℃左右的环境中能保鲜 10d；在 20℃只能保鲜 2~3d。较适宜保鲜的温度在 0~5℃。常用的冷藏保鲜方法有：

（1）机械制冷保鲜

利用机械制冷(冷冻机)控制温度在 1~5℃(草菇为 15~18℃)，空气相对湿度在 85%~90%。把鲜菇分级包装置入冷库、冷藏车或大冷柜中，进库内保鲜或长途运送保鲜，多数菇类能保持 10~15d 不失鲜。

（2）冰块制冷保鲜

将鲜菇放入专用的箱内，下层和上层放有冰块，将小包装鲜菇置于中层部位，冰块也要放入塑料袋中。如运输距离较远，中途要更换冰块，以保持箱内较低的温度。

2. 香菇冷藏保鲜实例

（1）内销鲜菇

内销鲜菇的分级规定不严，菌盖不超过 8cm，菇柄剪后的长度在 2.5cm 以内都可。

（2）初级产品的处理保鲜

初级产品是指刚采收的香菇鲜品，由于它新鲜、含水量较大，应该轻采轻放入筐、篮内，其内要垫一层白软纸，严禁重抛受震破碎。要一层一层装满，不要挤压，装后上部盖干净湿布或塑料薄膜，再从采集处带回指定地点。去掉菌柄基部碎屑等杂物，分拣出有病虫的菇体以及畸形菇，按大小分类，剪去过长的菌柄，将丛生菇分解为单生菇等。按照市场销售的要求，进行保鲜，尽快上市或放置于较低温度又避光通风的地方做短暂贮藏。

（3）常温鲜贮

将采收后的鲜菇经过整理分类，立即放入筐、篮中，其上层覆盖塑料薄膜，置于冷凉处保鲜。

（4）低温冷藏法

低温冷藏设备有冰箱、冰柜、冷库、冷藏车等。冰箱、冰柜常用于少量鲜菇贮存；香菇冷藏保鲜和贮运常用冷库和冷藏车。

（5）气调贮藏

在密封容器内，控制氧和二氧化碳浓度来达到保鲜目的，又分为常温气调和冷藏气调。

常采用气调冷库贮存香菇，气体组成成分为：氧 1%~2%，二氧化碳 40%，氮 58%~59%。

（6）薄膜包装贮藏

包装常用低密度聚乙烯 (PE) 薄膜袋，薄膜厚度在 0.004~0.007cm，以 0.007cm 保鲜效果好。

（7）纸塑复合袋包装贮存

将新鲜香菇经短时脱水排湿，除掉菇体过多的含水量，然后装入纸塑复合袋内，密封袋口，存放于 5℃冷库中，利用自发气调保鲜，可贮藏 15d。自发气调是通过香菇自身的呼吸作用消耗袋内氧气、释放二氧化碳而使袋内二氧化碳浓度提高，抑制呼吸作用。香菇用此法贮藏 5d 后，经测定袋内的氧气由 19.6% 降到 2.7%，二氧化碳浓度由 1.2% 上升到 13.1%。由于采用纸塑复合袋包装，减少了冷凝水，避免了菇盖边缘及菌褶吸水软化，防止出现褐斑。此法具低成本、无需设备、方法简单又实用的特点，适合于广大农村运用。

3. 外销鲜香菇

鲜香菇在国际市场畅销，我国香菇保鲜出口逐年上升。出口鲜菇应保持菇形圆整、色泽自然，常采取如下措施：

（1）鲜菇挑选

用作保鲜出口的香菇，采收前 10h 不能喷水。保鲜菇要求朵形圆整，菇柄正中，菇肉肥厚，深褐色，无病虫害，无泥土，6~8 分开伞。

（2）适度脱水

经过挑选的合格香菇，还要进行适度脱水。脱水方式有日晒降湿、低温热风排湿、冷库内排湿机排湿等。

（3）鲜菇分级

排湿后的鲜菇放入冷库预冷，在发运前进行分级精选。按菇盖大小分为 LL 级 (6cm 以上)、L 级 (5~6cm)、M 级 (4~5cm)、S 级 (3~4cm) 及 SS 级 (3cm 以下) 五个级别。也可按客户要求标准进行分级。

（4）冷藏保鲜

挑选过的香菇放入冷库中在 1~2℃、空气相对湿度 85%~90% 下贮存。入库时不能先剪菇柄，否则容易变黑，影响质量。起运前 8~10h，按照客户要求进行剪柄，一般保留 2~3cm 菇柄。剪柄后继续在冷库中存放，待运。

（5）鲜菇包装

大包装多采用内衬无毒透明薄膜的泡沫塑料专用保鲜箱做鲜菇保鲜箱。外用瓦楞纸箱，每箱装 10kg。小包装是用白色泡沫塑料小盒，每盒装 4 朵、6 朵、8 朵、10 朵不等，重 100g。菌褶朝上排齐，外包塑料保鲜膜，用热合机热合。保鲜应在保鲜库内控温条件下进行。如不在低温下操作，应将加工菇放入冷库冷处理，待发运前再密封箱盖。

（6）鲜菇运输

鲜香菇运输需要使用冷藏车。目前一般采用海运。海运时须冷藏柜托运。从冷库运至海港时要尽量缩短时间，还要使用冷藏车运输，确保鲜菇质量。

（二）气调保鲜

通过调节保鲜环境中的气体成分、温度、湿度而达到保鲜的目的，称气调保鲜。气调保鲜是将环境中的氧浓度降低、二氧化碳浓度升高，降低鲜菇的呼吸强度达到保鲜目的。

在大气中，氧气的含量为 21%、二氧化碳含量为 0.03%、氮气含量为 78%、其他气体约占 1%。通过气调后，将氧浓度降至 3%~5%，在 3~5℃下，保鲜时间可延长 10~25d。将鲜平菇密封于 0.006~0.008cm 的聚乙烯塑料袋中，春秋出菇期室温下可保存 3~7d。

气调保鲜也可用充氮法，即在保鲜的密封环境中充入氮气、降低温度、增加湿度及注入臭氧杀菌的“四位一体”保鲜方法。其基本原理是通过注入氮气，抑制鲜菇的呼吸，利用臭氧杀死环境中的有害微生物，达到延长保鲜时间的目的。

（三）化学保鲜

用对人畜无害的化学物质对鲜菇表面喷洒或浸入化学物质溶液中达到保鲜目的。菇类保鲜常用的化学物质有氯化钠、稀盐酸、维生素 C、比久 (B9) 及各类化学保鲜剂等。

1. 氯化钠（食盐）保鲜

用0.2%的食盐水，加入0.1%的氯化钙，制成混合浸泡液，将鲜菇浸泡30min，捞出并沥去多余的水，能在16~18℃下保鲜4d，在5~6℃下保鲜10d。

2. 稀盐酸溶液浸泡保鲜

将鲜菇浸泡于0.05%的稀盐酸溶液中，用塑料薄膜将浸泡鲜菇的容器封严。此法可作为加工前短期的保鲜。

3. 保鲜剂浸泡法

配制0.02%~0.05%的维生素C和0.01%~0.02%的柠檬酸混合液（保鲜液），将鲜菇浸泡10~20min，捞出沥干水装入塑料袋中，能在运输中进行短期保鲜，并具有护色作用。

4. 比久保鲜

将鲜菇浸泡于0.001%~0.01%的比久水溶液中10min，取出沥干水分装入塑料袋中，在5~22℃下能保鲜8d。

（四）速冻保鲜

在低温下快速将鲜菇冷冻的方法。此法主要用于一些珍贵的野生菇和人工栽培品种，如美味牛肝菌、松茸、金耳、鸡油菌、羊肚菌、白灵菇等。操作方法：将未开伞的鲜菇漂洗干净，放入1%的柠檬酸溶液中护色10min，再进行烫漂、冷却，捞出沥干水装入塑料袋或铝箔袋中，放入-35℃的低温冰室中，快速冷冻40min至1h后移入-18℃冷藏柜中贮藏，能保鲜1~1.5年。食用时在常温下解冻，能保持鲜菇原有的风味。下面以双孢蘑菇为例加以说明：

1. 选料

速冻的双孢蘑菇对原料要求较高。应选择菇体新鲜、圆整，色泽洁白，无病斑虫蛀，无杂质，无异味，菌盖直径在2~5cm，圆形或近圆形，无明显畸形，表面光滑无鳞片、无斑点、无严重机械损伤，不开伞，但允许菌幕与菌柄即将脱离而未裂开口，也可以有菌褶颜色浅粉红色、未变黑的轻微薄质菇。菌柄切削齐整，长度不超过1cm，切面无空心、无缺刻、不起毛、不发红等。总之要挑选外观鲜美、品质上等的鲜菇做原料。

2. 漂洗护色

为了防止鲜菇变色及后熟而引起鲜菇失重、萎蔫及变质等，使质量下降，应在采收后3h内立即进行护色处理。护色的方法是用1%柠檬酸溶液浸泡10min。

3. 分级

护色漂洗的双孢蘑菇要立即按要求大小分级以利于以后工序及销售。速冻双孢蘑菇的销售标准，一般为三个级别：大级菇直径 3.6~4.5cm，中级菇 2.6~3.5cm，小级菇 1.6~2.5cm。应注意的是，经漂烫后菇体要收缩 0.5cm 左右，所以选择原料菇时，菇体大小应比上述标准相应放大。分级应尽量迅速，以免菇体在空气中暴露时间过长而发生氧化作用，影响护色效果。

4. 漂烫、冷却

漂烫可使用漂烫机或不锈钢夹层锅。漂烫液可采用 0.3% 的柠檬酸溶液。漂烫液 pH 值控制在 3.5~4.0。通常每 100kg 漂烫液中可投入 10kg 菇。每次投入菇体后要使水立即达到并维持 100℃。大级菇漂烫 2.5min、中级菇 2min，小级菇 1.5min。烫后菇体应熟而不烂，色泽淡黄，有光泽，富有弹性。漂烫过程中，应注意漂烫液的清洁及 pH 值变化，适时更换漂烫液。

漂烫后的菇体要迅速冷却以免菇体受热软化，失去弹性和固有的风味。冷却时将菇体放入流动水池中，以最短的时间 (15~20min) 使菇体降温至 10℃左右。

5. 精选修整

通过以上工序，有些菇会有一定的损伤，因此需要进一步精选、修整，以保证产品的质量。应将不符合标准的，如脱柄、掉盖、畸形、开伞、变色的菇予以剔除。对于长柄、有泥根、起毛或有斑点的进行修整。对于有些特大菇和缺陷菇，经修整后可用于制作速冻片菇。

6. 排盘、冻结

排盘的目的是使双孢蘑菇能在短时间内快速冻结。在冻结前，用消毒毛巾将底盘水分擦干，将菇体表面水分沥干，单层撒铺于冻结盘中。将盛满菇的冻结盘置于速冻机入口处的不锈钢网状传递带上，通过圆筒的转动，传送带从下部进入后，旋转上升，由上部传出。传送带运行速度可自由控制，一般在 -40~-37℃下冻结 3~45min，使双孢蘑菇中心温度达 -18℃。这样冻结能抑制双孢蘑菇的各种理化反应及微生物的繁殖，延长贮存时间，并能较好保持双孢蘑菇的营养成分及其特有的色、香、味及新鲜度。

7. 挂冰衣

挂冰衣是为了使菇体与外界空气隔绝，防止双孢蘑菇变色干缩，而在速冻处理后的菇体表面裹一层薄冰的措施。这样有利于速冻双孢蘑菇保持原有色泽并延长贮存时间。

挂冰衣一般在速冻机出口处的低温车间中进行。将冻结的双孢蘑菇逐个分开成单个菇粒，倒入小竹篓中。每篓约装 2kg。连篓一起浸入 2~5℃的清水中 2~3s 后提起竹篓，将菇倒出，这样菇体表面会很快形成一层透明的薄冰，冰衣厚度以薄为好，以菇体增重 8%~10% 为宜，如果过厚会影响外观。要经常向挂冰衣的水中添加清水，以防结冰。

8. 包装贮藏

包装通常与挂冰衣同时进行。速冻双孢蘑菇的包装一般有 0.5kg 和 2.5kg 两种规格。包装袋要用无毒、耐低温的塑料袋。称重封口后，装入衬有防潮纸的双瓦楞纸箱内。菇袋应排放整齐，箱口用封口纸粘封牢固。箱外要标明级别、重量、生产日期、生产厂家等。包装过程要迅速，以免冻品回温，造成冰衣融化而影响品质。包装后随即要移入冷藏库贮藏。

如果要较长时间贮藏速冻双孢蘑菇，必须在低温冷库内进行冷藏，使冷藏库温度稳定在 -18℃。库温波动不超过 ±1℃。空气相对湿度在 95%，波动在 5% 以内。同时应注意不要和有气味或腥味的冻品放在一起，以免串味。一般加工合格、管理适当的速冻双孢蘑菇贮藏期约 12 个月。

第三节 食用菌产品加工技术及其应用创新

一、食用菌的干制加工

食用菌的干制加工品是我国传统的食品和出口商品。经干制的食用菌重量变轻、体积变小、不易变质，便于包装和运输。有些食用菌经烘干脱水后还能增加芳香味，如烘焙的香菇香味浓郁，备受消费者欢迎。

鲜菇干制的原理，就是将鲜菇置于较高的温度下，借助热力使组织内的水分蒸发到要求的范围内。脱水过程中，菇体固形物浓度增加，渗透压提高，酶活性受到破坏，可提高食用菌的耐贮耐运性。鲜菇的脱水也使菇体表面附着的有害微生物失去生存条件，延长了货架时间，使得食用菌干品得以长期保存而不易变质。

（一）干制方法

1. 晒干

利用日光照射、风吹等自然条件蒸发掉菇体内的水分的方法。晒干方法简单，不需设备，干制成本低。但晒干会受到自然条件制约，如遇到阴雨天，会造成菇的霉烂。同时，晒干的菇体内含水量偏高，只能蒸发掉游离水，不易蒸发掉结合水，晒干的菇体含水量为 15% 左右。晒干过程如下：

（1）整理分级

鲜菇采收后，去掉菇柄基部杂质，剪去过长的菌柄，再按菌盖直径大小分级晾晒，菌盖直径大的要适当延长日晒时间。

（2）上帘排放

将分级后的鲜菇及时摊在竹帘或尼龙网上。竹帘横放在架子上，腾空有利于通风，提高蒸发量。鲜菇要摊开平铺，不得堆叠，将菌盖朝下、菌褶向上，依次摊好。

（3）定时翻菇

在强日光下晒半天后要翻 1 次菇，将菌盖朝下、菌褶朝上继续日晒。白天日晒，晚上连同竹帘一起搬进房内，或用编织袋盖好露天过夜。在强日光下连续晒 2~3d 后，将晒的菇集中起来堆放在一起，让其回潮 1d，再在强日光下复晒 1d，这样可使含水量达到 15% 以下。然后及时将晒干的菇装入塑料袋中密封，再装入专用纸箱内，运往市场或放入库中贮藏。

2. 烘干

在烘干房中，借助较高的热力在较短的时间内使鲜菇强制脱水的方法。这种干制方法不受外界气候影响，时间短、效率高，干制的菇色泽好、菇香浓、菇形美、品质佳，含水量在 10%~13%。同时在干制过程中，有害微生物被杀死，延长了干菇的贮藏时间。但烘干脱水应具备烘房及配套的设备，一次性投入较大。烘干的方法较多，常见的烘干方法有：

（1）烘干机烘干

烘干机所用能源选择性较大，可用煤、木材、农作物秸秆等，也可以用电或天然气，烘干成本为 0.5~0.6 元 /kg。烘干机根据需要能随时移动，能放置在菇场，也能放置在庭院里。

烘干机适宜于烘干多种食用菌，如香菇、平菇、双孢蘑菇、金针菇、猴头菇、木耳、银耳等。

（2）低温冷冻真空干燥

先将鲜菇冷冻到冰点以下，使菇中的水分冻结，然后在真空状态下将固态水直接升华为蒸汽而蒸发掉，使鲜菇脱水变干。其干制程序是先在 -20℃下使鲜菇冷冻，然后缓缓升高温度，在真空状态下经过 10~12h，固态水会升华。这种方法能使菇的含水量降到 10% 以下。冷冻干燥的菇形圆整、品质好，但干燥成本较高。

（二）干制加工实例——香菇

干制香菇是我国香菇加工的主要形式，目前仍为国内香菇流通的主要形式。“香从烘焙来”，香菇经过烘干后，可以产生特别的菇香。不烘不香、烘不好也不香是香菇的特性。香菇干制方法有自然脱水和人工脱水两种。自然脱水主要是风吹与日晒；人工脱水有烘干机烘干等。利用烘干机脱水的香菇质量好，正逐渐被多数生产者所采用。

1. 土炕烘干法

（1）烧炕。先将炕预烧至 50℃，迅速将摆好香菇的炕筛，由下至上放入干燥室的炕架上，装好后为 35℃。以后每 2h 升 2~3℃，当温度达 60℃时，保持恒温至烘干。

（2）翻炕。菇体定型后进行第一次翻炕。翻炕是把上下层的筛子调换位置，使其干燥度均匀一致，一般一炕翻 1~2 次即可。

（3）排湿。顶部的活动平板，起始时开口 2/3，以后每 3h 逐渐缩小，最后 2h 关闭，直至干燥。

2. 烘干机烘干法

（1）分级挑选上筛

将鲜菇按大、小、厚、薄分别排放在烘筛上。大、厚的应置于温度较高的方位。小、薄的放在大、厚的上方，最上方放畸形及破碎菇（畸形及破碎菇可制成菇片、菇丝、菇粒、菇丁等）。鲜菇含水量大的可在太阳下晒 2~3h 后进烘干房（箱），然后再烘，有利于维生素 D 的转化，烘出浓郁香味。

（2）烘干的温度调控

烘干首先从菇盖边缘开始，慢慢转移到肉质厚的中心部位。由于菇盖和菇柄肉质完全不同，即使同一菇盖，中心部肉质厚而边缘薄。因此内部水分的流动和表面蒸发速度都有不同。脱水烘干工艺，就是根据菇体内水分扩散流动速度和表面蒸发速度基本达到平衡的原理制定的。这个平衡要由热风参数中的温度和风量来控制，不同的烘干期热风的温度和风量也是不同的。在脱水初期，温度高于 45℃以上且风量不足时鲜菇表层细胞组织被破坏，阻塞了与菇体内联系的毛细管，则会产生煮菇现象，即菇盖表面呈黑色，菌褶倒伏并呈土黄色，烘出的产品质量非常差。但也不能加大通风量，否则菇形不佳。

鲜菇进烤房开始烘烤时温度过低将加速鲜菇的后熟作用，促使开伞。通常起始温度应掌握在 35℃，因为鲜菇在 35℃时生长停止。在烘干过程中温度不能剧升（1h 升 5℃以上）。因为急剧升温，会使菇体内的游离水快速外移，导致鲜菇表皮及菌褶排放不及而使菌褶倒伏。温度剧降时，菇盖边缘向内倒卷，菇体收缩变小而降级。根据鲜菇在脱水烘干过程中体内含水量的变化通常把香菇的脱水烘干分为脱水初期、脱水后期、烘干期和完全烘干期四个阶段。

3. 特别菇品加工措施

（1）加深菌盖颜色

花菇模式栽培出来的茶花菇、光面菇烘成的干品，面色多呈淡白色或灰白色。为加深菇盖颜色，可把鲜菇分选后排放菇筛上，菇与菇之间要留些间隙。均匀轻喷清水于菇面及边缘后，进烘干房。关闭箱门及通风口闷 30min，让表皮组织充分吸收水分以后，按照前述的烘干方法烘干。这样烘制的干品面色即可达出口要求。若菇面喷 1 次水烤出的干品面色还太淡，闷 30min 待菇面稍干，再进行 2~3 次喷水。

（2）菇片、菇丝的加工

把鲜菇剪去菇柄，用手或切片机纵切成片（厚度 4mm 左右）或丝（厚 0.8~1.2cm）。均匀撒在菇筛上进烘干房，用大风量，把温度调节在 55~60℃，打开进风口、排湿窗，关闭回温阀门，经 3.5~4h 的烘烤即成菇片或菇丝的成品。

4. 干香菇的贮藏

干香菇的含水量不大于 13%，在 1~5℃低温下极耐贮藏。但一般菇农缺乏低温贮藏的条件，霉变损失严重。近年来，由于大量采用塑料薄膜包装，情况大有好转。干香菇的贮藏应注意下面几个问题：

（1）包装材料

为使香菇不受环境中湿度和氧气的影响，应选用防湿性、气密性、坚固性良好且无毒、厚 0.006~0.008cm 的聚乙烯或聚丙烯塑料袋做内包装材料，以厚纸箱做外包装材料。不要用聚氯乙烯袋装香菇，以防氯离子逸出而混入食品。

（2）放干燥剂

在贮存的香菇袋内放入生石灰、无水氯化钙或硅胶等干燥剂小袋除湿，可防止干菇吸潮生霉。

（3）仓库要求

贮藏香菇的仓库要求干燥、通风、避光，同时，不能与其他有毒、有异味、易返潮的物品放在一起。库房应设在通风干燥处，有条件的放在 15℃下避光贮藏。在 1~5℃下贮藏效果更好。

（4）经常检查

贮存期间要加强管理，定期抽样检查，尤其在潮湿季节要加强对含水量及虫害的检查。若含水量高于 13%，应及时复烘。如果发现虫害，可将干菇重新放在 50~55℃下烘 1~2h，以杀死害虫。

二、食用菌的盐渍加工

食用菌在高浓度的盐水溶液中，其酶活性和细胞活力受到破坏，菇体上的有害微生物的生长受到抑制，从而达到防止腐烂变质的目的。

（一）盐渍方法

1. 选料

盐渍的菇选用适时采收、未开伞的七八成熟的菇，要求菇体完整，无损伤，去菇根，无病菇、虫菇、畸形菇等。

2. 清洗

先用清水洗去菇体表面泥土等杂质。清洗后的菇体立即捞出再放入 0.1% 的柠檬酸溶液中。柠檬酸是一种防腐增强剂和漂白辅助剂。

3. 护色

护色的目的是为了防止鲜菇氧化褐变。将鲜菇放在水中清洗，同时加入护色剂护色。

4. 预煮（杀青）

用铝锅或不锈钢锅将含 6% 的食盐或 0.05%~0.1% 柠檬酸的水浸液煮沸。为了降低成本，也可用清水。煮制过程中用锅勺或不锈钢勺上下搅动，使菇体受热均匀。同时要去除锅中产生的泡沫。煮制时间可根据菇的大小灵活掌握。煮至熟而不烂为宜，一般在 8~10min。菇体预煮是否熟透可通过以下方法鉴别：

（1）煮透的菇应沉在锅底，而不会在水面上浮起。

（2）煮后的菇放入冷水后，煮熟的菇应沉下去，而浮上来的则还未煮熟。

（3）从口感上判断，煮熟的菇脆嫩、不粘牙，而生的则会粘牙。

预煮过程对整个盐渍有很重要的意义：通过预煮破坏了菇体的酶活性，可以防止菇体的变色反应；通过预煮软化子实体，缩小体积；此外预煮破坏了细胞结构，增加了细胞的渗透性，以利于腌渍时盐分的渗入。因此，应掌握好预煮工序。

5. 冷却

预煮后的菇立即放入流动的冷水中冷却至室温。冷却的目的是终止热处理，防止菇体腌制时使菇体的色泽、风味、组织结构等受到破坏，使菇体蛋白质腐烂变质。

6. 分级

冷却后，根据不同菇类要求，进行分级。

7. 盐渍

盐渍时先在容器底部放一层盐，接着放一层菇，菇层厚约 5cm。盐最好用精盐。依次一层盐、一层菇，直至装满。装满后注入饱和盐水，使咸度在22~24波美度，要使菇体全部浸入盐水中。经常测定盐水波美度，当盐水低于22波美度时，要及时加盐。一般盐渍20d后即可装桶。整个过程应注意菇体要完全浸于盐水中，以免腐烂。如要检验菇体细胞与盐液咸度是否达到平衡，可捞少量菇放入配好的22波美度的盐液中，菇体如下沉证明已达标准，若上浮则还须继续盐渍。

通过盐渍，利用高浓度食盐液产生的高渗透压，使菇体中的水分及可溶性物质进一步渗透出来，而盐水则慢慢进入菇内，从而使菇体逐步饱满，可以确保装桶后不失重。

8. 装桶调酸

在装桶时为防止损伤菇体，可在桶内先装入少量盐水，然后装入一定量盐渍好的菇，装好后表面再放一层盐封顶，压下内盖，使菇体完全淹没于盐水中，以免有未浸泡于盐水的菇体腐烂变质。调酸是通过0.2%柠檬酸浸液或调整液将盐水的pH值调至3~3.5。调整液用42%偏磷酸、50%柠檬酸和8%明矾配制而成。

（二）食用菌盐渍实例——双孢蘑菇

1. 双孢蘑菇清洗

采收的鲜菇切除菌柄基部的杂质，按大小分级后进行清洗。清水中加入0.1%的柠檬酸起护色作用。

2. 杀青

杀青又称预煮，可用0.1%的盐水做预煮液。将水烧开后倒入清洗过的双孢蘑菇。预煮时火力要旺，使锅中盐水保持开锅状态，加入双孢蘑菇的量不要过多，加入的量是杀青液的1/2，保证双孢蘑菇能全部浸入盐水中。预煮时要不断翻动，使菇体预煮均匀，菇心煮透，使菇体的氧化酶完全破坏。如果煮得不透，氧化酶会使菇色变褐。在盐水开锅状态下，双孢蘑菇煮5~8min便可捞出，达到熟而不烂的程度，煮好的菇色有些微黄、有光泽感、手捏有弹性。

3. 冷却

预煮的双孢蘑菇捞出后立即放入流动水中冷却，要不停地翻动，使温度快速降下来。

4. 分级

双孢蘑菇在盐渍时进行分级，然后分别入缸盐渍。直径在1.5cm以下的为一级；1.5~2.5cm为二级；2.5~3.5cm为三级；3.5cm以上为四级。

5. 盐渍

将分级后的双孢蘑菇按每100kg加25~30kg盐的比例逐层放入池中。池底撒一层盐，然后放一层菇，这样一层盐一层菇直至装到池上部，表面再撒一层盐。要使菇能全部浸入盐水中。经过25~30d便可。此时盐渍的菇色为淡黄色。

6. 装桶调酸

盐渍后的双孢蘑菇要装入塑料盐水菇专用桶。桶内衬有双层塑料袋，每桶装50kg，然后灌入饱和盐水。并用0.2%的柠檬酸调pH值为3.5左右。桶内盐水要灌足，能浸没双孢蘑菇，防止变褐。袋口要扎紧，不让盐水溢出，检查合格后，在桶盖上注明品名、等级、重量、批号及产地后运往市场或外销。

目前短期运输的也有用厚塑料袋装盐水菇的，将盐水菇装入塑料袋中，然后灌入盐水，一般不调酸度，外边再套一层尼龙袋。特点是成本低、装卸方便。

三、食用菌的罐藏加工

食用菌罐藏是在无菌和密封的条件下，将食用菌装入玻璃罐、马口铁罐或复合塑料薄膜袋内进行较长时间保质贮藏的方法。其基本原理是无菌条件下的保藏，即在高温下使菇体的酶活性受到破坏，菇表面的微生物被杀死，再装入罐中进行高压灭菌，达到较长时间保质的目的。

（一）罐藏加工工艺

1. 选料

选择大小均匀、质地致密、菇形圆整、八成熟的鲜菇，严格淘汰病虫为害菇、破损菇及畸形菇，削去基部杂质。

2. 漂洗

挑选后的鲜菇要及时放入流水中漂洗，流水要足，迅速洗去泥沙及杂质。

3. 预煮

漂洗后的鲜菇倒入沸水中预煮，预煮液为0.1%的柠檬酸液。煮锅应为不锈钢夹层锅，不可用铁锅，防止菇变褐。每次预煮加入菇的量是煮液重的1/2，预煮时间根据菇类而定，要求菇心煮透，达到熟而不烂的程度。

4. 冷却

杀青过的菇立即捞出，放入流动的冷水中快速冷却。冷却至手触没有热感时，捞出并沥干水分。冷却时间过长，菇汁浸出，风味下降，影响产品质量。

5. 整修分级

冷却后的菇在装罐之前进行整修分级。原料的整修是一项较为细致的工作，必须按照工艺标准进行整修，既要除去不可用部分，又要保证食用菌的形状，主要是对有泥根、病虫害、斑点等的菇进行修削。修整后菇面应平整、光滑，并按级别、大小分别盛放，便于装罐。分级时要挑出碎菇、畸形菇。食用菌分级有重量分级和振动筛分级之分。重量分级是按菇的重量分级，不受菇体形态限制；振动筛分级是按筛孔的直径大小进行分级，适用于双孢蘑菇、草菇等球形的菇体。

6. 空罐消毒

空罐采用高压清水冲洗（洗罐机水温 72℃左右），然后用热蒸汽冲淋消毒 3min。消毒后的空罐放到专用周转箱内，罐口朝下，进入装罐工序备用。清洗用水的温度应严格控制，消毒用空罐应与生产进度相适应，严防积压，以免空罐过剩锈蚀。

7. 装罐

菇形要求圆整、无裂口、无开伞。装入的量要严格按照各罐型的规格装足。菇装罐后使表面和罐顶留有适量的空隙，在灭菌加热时有一定的膨胀空间，防止罐身因膨胀而变形或破裂。马口铁罐顶隙应留 6mm，玻璃罐顶留有 13mm 的空隙。

8. 注汁

食用菌罐头多为淡盐水罐头。现在市场上也常见到各种风味食用菌罐头，是在盐水中加入适量的蔗糖、氨基酸、味精、酱油、柠檬酸及料酒等调味品，制成各式风味的汤汁，灌入罐中而成。

淡盐水食用菌罐头汤汁为 2%~3% 的食盐和 0.1% 的柠檬酸溶于水中过滤而成，有时还加入 0.1% 的维生素 C 以护色。注汁之前应将汤汁加热到 80℃左右。应采用注液机灌汤，既能保证注汁的重量，又能提高工作效率。

9. 排气封罐

罐头封盖之前必须把罐中的空气排出。排气时将盖放在罐口，能让气体自由逸出。排气有加热排气和真空排气两种方法。现在主要采用真空排气法。真空排气是在真空封口机中完成的，即排气和封口同步进行。封罐机的真空度要维持在 6.67×10^4Pa。

10. 灭菌

封盖后的罐头立即送入灭菌锅中进行灭菌。

11. 冷却

杀菌结束后，马口铁罐头冷却时可先在灭菌柜中将压力降至零，把筐吊出放入冷却池中冷却至 40℃。玻璃罐冷却时不可过快，防止破裂，可先在空气中冷却到 60℃，然后放入冷水中将温度降至 40℃以下。

12. 恒温质检

冷却后的罐头要及时挑出破裂罐、盖子松动的罐，然后随机抽样检验。样品放在

37℃恒温下 5~7d，如没有异样发生，表明灭菌彻底。

13. 包装、入库贮存

恒温质检结束后的罐头要进行包装，包装前应由专业打检技术人员进行打检，剔出低真空罐、废次品罐，擦净罐面，贴标装箱。罐头打字，要求字迹清楚、标准。商品标签要符合 GB7718-1994《食品标签通用标准》，商标要贴正，无掉标、脏标现象，并轻拿轻放，防止罐头碰伤瘪罐。

装箱排列整齐，不多装或少装，箱体表面清洁卫生，封箱胶带平整无皱折。包装箱质量要符合 GB12308—1990《金属罐食品罐头包装箱技术条件》的要求。纸箱储运图标要符合 GB191 规定的标准。

包装后的罐头要抽检是否合格。成品包装后要按品种批次分别码垛。垛下的地面要放上木板以防潮，码垛应离墙 30cm，中间留 30cm 通风。应做到数量、批次准确无误。

（二）食用菌罐藏加工实例——双孢蘑菇罐头

1. 选料

要求无褐斑、无霉变、无虫蛀，菌盖直径 4cm 以下，菌柄 1cm 左右，菇体表面不能有泥土等杂物。

2. 漂洗护色

经过挑选的双孢蘑菇应及时漂洗除去杂质。漂洗过程中应注意保持双孢蘑菇的白色，一般用 0.1% 柠檬酸液漂洗 5~10min 或在 0.6% 食盐水中漂洗 2~3min，以起到初步护色的作用。漂洗后捞出用流水洗净。

3. 预煮

将经过漂洗护色的双孢蘑菇放入 0.1% 柠檬酸水中于 100℃下煮制。煮制过程中应不断搅动，菇与水的重量比为 2:3。煮沸至煮熟为止，一般需 8~15min。

4. 冷却

双孢蘑菇煮熟后应立即捞出于流动水中冷却，应尽快使菇体温度下降，以免营养物质流失。时间为 30~40min，以冷透为准。待菇温降至室温时，捞出沥干水分。

5. 分级

双孢蘑菇子实体经煮制冷却后将比鲜菇失重 25%~40%，菇盖也会皱缩 20% 左右。应根据加工罐头的规格要求进行严格分级挑选，如做整菇罐头的，应将菌盖裂开、畸形、开伞或色泽不良的挑出。

6. 装罐（瓶）

将分级后的双孢蘑菇装入相应的罐或瓶中，不同规格的罐头瓶中加入的量应按产品规定称足装好。

7. 加汤汁

双孢蘑菇罐头有清水罐头、盐水罐头、调味汁液罐头等。应按要求加入汁液，加入量以淹没菇体为宜。加入的汤汁温度应在 80℃左右。

8. 排气封口

采用真空封口机封口，排气和封口同步进行。封罐机的真空度要维持在 6.67×10^4Pa。

9. 灭菌和冷却

根据不同罐形采用不同杀菌式。按照杀菌式要求的温度进行升温、保温和反压降温。灭菌后再放入流水中冷却到 40℃以下。

10. 检验装箱

随机抽样在 37℃下保存 5~7d。没有异样发生便可装箱贴标签入库。

四、食用菌软包装罐头加工工艺

（一）软包装罐头特点

（1）能够进行杀菌，且杀菌时传热速度快。

（2）封口简便牢固，微生物不易侵入，贮存期长。

（3）不透气，内容物几乎不会发生化学变化，能较长时间保持内容物的质量。

（4）开启方便，包装美观。

（二）软包装罐头加工工艺

1. 原料选择

加工的食用菌必须符合标准，要求新鲜、菇形整齐、菇色正常、菌盖完整、无机械损伤和病虫害。菌柄切面平整。把不合格的原料挑出。

2. 清洗

将采收后的原料菇及时用水洗净，去除泥沙污物。清洗要求迅速、水量充足。

3. 预煮

漂洗后的鲜菇倒入沸水中预煮，预煮液为 0.1% 的柠檬酸液。煮锅应为不锈钢夹层锅。每次预煮加入双孢蘑菇的量是煮液重的 1/2。预煮时间根据菇类而定，要求菇心煮透，达到熟而不烂的程度。

4. 冷却

将预煮好的菇捞出放入流动的冷水中快速冷却。冷却至手触没有热感时，捞出并沥干水分。

5. 整修分级

冷却后的菇在装罐之前进行整修分级。需要对有泥根、病虫害、斑点等的菇进行修削。修整后菇面应平整、光滑。然后按级别、大小进行分级，便于装罐。分级时要挑出碎菇、畸形菇。

6. 洗袋

挑选合格的软罐头包装袋，严禁使用不合格的包装袋。用干净水将包装袋进行清洗。

7. 装袋

按照不同规格、等级分别称重和装袋，同一袋内要大小均匀、摆放整齐，且菌盖要朝同一方向，使产品外观整齐一致。按各种软罐头的规定重量称重装足。

8. 注液

装袋后，要向菇袋内加注汤液，以增加产品风味，填充固形物之间的空隙，排出空气，并有助于增强杀菌、冷却期间热的传递。汤液一般为 0.6%~2% 的食盐水和 0.1% 的柠檬酸。还可加入 0.1% 的抗坏血酸护色。所用的水中铁含量应低于 100mg/kg，氯含量应低于 0.2mg/kg，以防止产品变黑。配制汤汁时，先将精制食盐溶解在水中煮沸过滤后再使用。将汤汁加热到 96℃以上备用。

9. 封口

软包装罐头封口前，先将封口机二道口的温度升至预定温度（170℃左右），开启空压机使空气压力大于 0.8MPa，将热汤汁加入袋中，排除袋中空气，然后进行密封剪切。

10. 灭菌

食用菌软包装罐头必须使用高压灭菌。

11. 冷却

杀菌后要及时进行冷却，将软包装罐头放入冷水中冷却至 40℃以下。

12. 检验

食用菌软包装罐头必须在 37℃恒温库中放置 7d 左右，进行质量检验。如发现胀袋、变色、有沉淀等，都要挑出。

13. 检验包装

检验合格后，擦干袋表水分和杂物，包装入箱。

参考文献

[1] 黄年来 . 中国食用菌百科 [M]. 北京 : 中国农业出版社 ,1993.

[2] 才晓玲 . 常见食用菌简介 [M]. 北京 : 中国农业大学出版社 ,2018.

[3] 唐玉琴 , 李长田 , 赵义涛 . 食用菌生产技术 [M]. 北京 : 化学工业出版社 ,2008.

[4] 常明昌 . 食用菌栽培学 [M]. 北京 : 中国农业出版社 ,2003.

[5] 杜敏华 . 食用菌栽培学 [M]. 北京 : 化学工业出版社 ,2007.

[6] 周会明 . 食用菌栽培技术 [M]. 北京 : 中国农业大学出版社 ,2017.

[7] 申进文 . 食用菌生产技术大全 [M]. 郑州 : 河南科学技术出版社 ,2014.

[8] 卯晓岚 . 中国大型真菌 [M]. 郑州 : 河南科学技术出版社 ,2002.

[9] 刘正南 , 郑淑芳 . 金耳人工栽培技术 [M]. 北京 : 化学工业出版社 ,2007.

[10] 宋秀红 . 食用菌栽培技术 [M]. 石家庄 : 河北科学技术出版社 ,2016.

[11] 吕作舟 . 食用菌栽培学 [M]. 北京 : 高等教育出版社 ,2006.

[12] 林静 . 食用菌栽培加工生产技术与机械设备 [M]. 北京 : 中国农业出版社 ,2015.

[13] 陈国良，陈惠 . 食用菌栽培学 [M].3 版 . 上海 : 上海科学技术文献出版社 ,2014.

[14] 申进文 . 食用菌生产技术大全 [M]. 郑州 : 河南科学技术出版社 ,2014.

[15] 王贺祥 , 刘庆洪 . 食用菌栽培学 [M].2 版 . 北京 : 中国农业大学出版社 ,2014.

[16] 肖生龙 , 黄志龙 , 廖剑华 , 等 . 食用菌无公害栽培技术 [M]. 福州 : 福建科学技术出版社 ,2015.

[17] 潘洪玉，刘金亮 . 珍惜食用菌栽培技术 [M]. 长春 : 吉林科学技术出版社 ,2010.

[18] 张江萍 . 现代食用菌学 [M]. 北京 : 中国农业科学技术出版社 ,2013.

[19] 邱奉同 , 郝继伟 . 食用菌栽培技术 [M]. 北京 : 人民出版社 ,2014.

[20] 王德芝 , 刘瑞芳 , 马兰 , 等 . 现代食用菌生产技术 [M]. 武汉 : 华中科技大学出版社 ,2012.

[21] 高君辉 , 冯志勇 , 唐利华 . 食用菌工厂化生产及环境控制技术 [J]. 食用菌 ,2010,4:3–5.

[22] 汪醒平 . 金正谷工厂化袋栽工艺生产技术 [J]. 河南农业 ,2013,10:54–59.

[23] 张金霞 , 黄晨阳 . 我国食用菌产业概况 [J]. 中国土壤与肥料 ,2003（1）:43–44.